国家自然科学基金面上项目（51974314）资助

过硫酸盐氧化-微生物联合修复多环芳烃污染土壤研究

王丽萍　李　丹　黄少萌　著

中国矿业大学出版社

·徐州·

内 容 提 要

本书系统总结了过硫酸盐联合微生物修复多环芳烃污染土壤体系的方法、机理及过程调控的研究成果,主要内容包括土壤 PAHs 背景值调查;极端条件下的功能菌的驯化、筛选与降解性能;2,6-YD-Fe/C 材料的制备及含氧芳烃降解菌系的驯化;催化活化过硫酸盐降解芴酮、蒽醌的过程及机理;不同联合修复体系与 PS 剂量的响应关系;低温下 PS-功能菌修复菲/蒽污染土壤及其生态效应;过硫酸盐-功能菌强化修复现场石油烃污染土壤的作用机制及调控因子等。

本书可作为环境科学与工程等专业的研究生教材或参考书,也可供相关科技人员参考。

图书在版编目(C I P)数据

过硫酸盐氧化-微生物联合修复多环芳烃污染土壤研究 / 王丽萍,李丹,黄少萌著. —徐州 :中国矿业大学出版社,2023.9

ISBN 978 - 7 - 5646 - 5967 - 7

Ⅰ. ①过… Ⅱ. ①王… ②李… ③黄… Ⅲ. ①微生物降解－应用－土壤污染－修复－研究 Ⅳ. ①X53

中国国家版本馆 CIP 数据核字(2023)第 183202 号

书 名	过硫酸盐氧化-微生物联合修复多环芳烃污染土壤研究
著 者	王丽萍 李 丹 黄少萌
责任编辑	褚建萍
出版发行	中国矿业大学出版社有限责任公司
	(江苏省徐州市解放南路 邮编 221008)
营销热线	(0516)83885370 83884103
出版服务	(0516)83995789 83884920
网 址	http://www.cumtp.com E-mail:cumtpvip@cumtp.com
印 刷	苏州市古得堡数码印刷有限公司
开 本	787 mm×1092 mm 1/16 印张 12.5 字数 245 千字
版次印次	2023 年 9 月第 1 版 2023 年 9 月第 1 次印刷
定 价	75.00 元

(图书出现印装质量问题,本社负责调换)

前　言

多环芳烃(polycyclic aromatic hydrocarbons,PAHs)是环境中主要的致突变性和致癌性化学物质。它们在石油勘探、开采、加工和储运过程以及化石燃料燃烧和生物质燃烧等活动中被释放,并在石油开采区、石化场地、农田和草地土壤中逐渐累积。鉴于PAHs难溶性、抗生物降解性和高生物累积性,采用过硫酸盐氧化-微生物联合修复多环芳烃污染土壤,是一种高效稳定且环境友好的新型修复方式。

本书在国家自然科学基金连续资助下,以多环芳烃污染土壤为研究对象,开展了过硫酸盐联合微生物修复多环芳烃污染土壤体系的方法、机理及过程调控的研究。主要内容包括土壤PAHs背景值调查,极端条件下的功能菌的驯化、筛选与降解性能,2,6-YD-Fe/C材料的制备及含氧芳烃降解菌系的驯化,催化活化过硫酸盐降解芴酮、蒽醌的过程及机理,不同联合修复体系与PS剂量的响应关系,低温下PS-功能菌修复菲/蒽污染土壤及其生态效应,过硫酸盐-功能菌强化修复现场石油烃污染土壤作用机制及调控因子。

研究取得相关成果如下:

(1)以石化污染土壤为菌源,采用"邻苯二酚-菲/蒽"驯化模式,定向驯化、筛选获得一株革兰氏阴性菌:Enterobacter himalayensis GZ6。研发的 Fe^{2+}/PS-Enterobacter himalayensis GZ6 联合修复方法可突破生物修复受氧化后低pH值、高盐度等恶劣环境条件限制的技术瓶颈。

(2)优化Fe离子负载量,研制催化剂2,6-YDVFe/C活化PMS,对难降解含氧中间产物9-芴酮和9,10-蒽醌2 h的降解率分别为53.2%和23.1%。由EPR测试结果推测:不同于通常自由基氧化路径,2,6-YD-Fe/C催化活化PMS对9-芴酮、9,10-蒽醌的降解主要基于 $^1O_2$ 和电子转移路径。

(3)建立复杂环境中 PS-Enterobacter himalayensis GZ6 原位修复工艺。石油烃中C10~C17和C18~C30均能被PS氧化和微生物降解,PS主要氧化C18~C30,微生物则主要降解C10~C17;而C30~C40污染物只能被微生物降解,修复过程中 Enterobacter himalayensis GZ6 激活土著菌。联合修复103 d,总石油烃(TPH)降解率比PS-土著菌(71%)和单一生物修复(71%)高15%。

(4)揭示低氧化剂量下 Fe^{2+}/PS-Enterobacter himalayensis GZ6 修复菲/蒽污染土壤的作用机制:一方面PS在自身分解中会氧化SOM释放土壤中的硫

酸盐、N、磷酸盐和铁等，将 $S_2O_8^{2-}/SO_4^-\cdot$ 转化为电子受体，从而提高微生物物种丰富度；另一方面微生物通过 K01897 和 K06994 基因刺激产生脲酶、多酚氧化酶、磷酸酶、过氧化物酶等，促使 PAHs 降解。

现场调研、样品采集和现场试验得到了国家管网集团东部原油储运有限公司和广东石油化工学院等单位的大力协助。分析化验和物理模拟分别在中国矿业大学环境与测绘学院、中国矿业大学分析测试中心、中国石油勘探开发研究院廊坊分院测试中心、江苏地质矿产设计研究院等单位完成。山东大学周维芝教授、中国矿业大学何士龙教授和毛副教授等对研究工作给予了建设性的建议和指导。在本书出版之际，谨向上述单位和个人表示诚挚的感谢。

由于著者水平所限，书中不妥之处在所难免，敬请广大读者批评指正。

著　者

2023 年 2 月

目　　录

1 绪 论

1.1 多环芳烃的来源、危害与归宿

1.1.1 多环芳烃的来源及危害

多环芳烃(polycyclic aromatic hydrocarbons,PAHs)是环境中主要的致突变性和致癌性化学物质[1,2],是由两个或多个稠合苯环组成的化合物,分为低相对分子质量 PAHs(LMW PAHs,2-3 环)和高相对分子质量 PAHs(HMW PAHs,4-7 环)[3]。石油开采、化石燃料燃烧和生物质燃烧等致使石油开采区、石油化工相关场地、农田和草地土壤中 PAHs 的累积[4],其中 LMW PAHs 主要源自低温下生物质的转化与燃烧,石油勘探、生产、提炼、运输和储存过程中的意外排放;HMW PAHs 则主要源自森林及牧场大火,汽车尾气,化石燃料、煤焦油、木材、垃圾等的高温燃烧[4]。

鉴于其高毒性、抗生物降解性和高生物累积性,美国环境保护局已列出了16 种优先处置的 PAHs 的理化性质[5](表 1-1)。LMW PAHs 蒸气压较高,在气相分布广泛;HMW PAHs 蒸气压较低,容易被固体颗粒吸附。此外,与较低正辛醇-水分配系数(K_{ow})的化合物相比,PAHs 的 K_{ow} 较高,毒性更大更持久,并且易通过工业排放、大气沉降、生物质燃烧或意外泄漏等方式间接地吸附到土壤颗粒上。

在土壤、大气和水环境等样品中已陆续检测到含氧多环芳烃(OPAHs)的存在[6]。发现 OPAHs 可能表现出与母体 PAHs 相似或更高的遗传毒性和 AhR 活性[7],且具备易积累、易扩散、难降解的特性[8,9],OPAHs 的有效降解成为研究难点[10]。从结构上看,OPAHs 是 PAHs 分子上的氢原子被一至多个羧基、羟基及羰基等官能团取代的化合物[11],是由多环芳烃酮(PAKs)、多环芳烃醌(PAQs)、羟基化的多环芳烃、羧基多环芳烃、羧酸多环芳烃、多环芳烃内酯和多环芳烃酸酐等组成,表 1-2 给出典型 PAHs 及 OPAHs 的种类和特征。

从表 1-2 中可以看出,有些 OPAHs 具有比 PAHs 更低的正辛醇-水分配系数(K_{ow}),K_{ow} 低的污染物意味着更易在环境中发生迁移。

表 1-1　16 种优先处置 PAHs 的理化性质

中文名称	环数	相对分子质量	蒸气压/mmHg	沸点/℃	lg K_{ow}	K_{oc}	水溶解度/(mg/L)	结构式
萘	2	128.17	4.45×10^{-1}	218	3.3	13	31	
苊	3	154.21	1.50×10^{-4}	279	3.6	2.5	3.93	
二苊烯	3	152.2	2.10×10^{-4}	280	3.6	7.2	1.93	
蒽	3	178.23	1.50×10^{-6}	342	4.5	19	0.076	
菲	3	178.23	1.50×10^{-6}	340	4.5	19	1.20	
芴	3	166.22	3.80×10^{-4}	295	4.2	10	1.68~1.98	
荧蒽	4	202.26	2.60×10^{-8}	375	5.0	5.5	0.20~0.26	
苯并[a]蒽	4	228.29	1.30×10^{-9}	438	5.7	284	0.010	

表 1-1（续）

中文名称	环数	相对分子质量	蒸气压/mmHg	沸点/℃	lg K_{ow}	K_{oc}	水溶解度/(mg/L)	结构式
䓛	4	228.29	1.30×10^{-9}	448	5.7	284	1.5×10^{-3}	
芘	4	202.26	2.60×10^{-6}	150.4	5.0	55	0.132	
苯并[a]芘	5	252.32	2.80×10^{-12}	495	6.1	820	3.8×10^{-3}	
苯并[b]荧蒽	5	252.32	2.80×10^{-12}	481	6.1	820	0.0012	
苯并[k]荧蒽	5	252.32	7.00×10^{-11}	480	5.3	667	7.6×10^{-4}	
二苯并[a,h]蒽	6	278.35	1.80×10^{-12}	524	6.8	4250	5.0×10^{-4}	
苯并[g,h,i]苝	6	276.34	1.60×10^{-12}	500	6.6	2450	2.6×10^{-4}	
茚并[1,2,3-cd]芘	6	276.34	6.30×10^{-14}	536	6.6	2370	0.062	

表 1-2　典型 PAHs 及 OPAHs 的种类及特征

中文名称	英文简称	CAS 号	分子式	lg K_{ow}①	常压下羟基化半衰期②	生物降解半衰期③	种类
芴	Fluo	86-73-7	$C_{13}H_{10}$	4.11	0.9	43.9	PAH
9-芴酮	9-FLO	486-25-9	$C_{13}H_8O$	3.58	10.18	8.98	OPAH
芴醌	FLQ	42523-54-6	$C_{13}H_8$	2.74	0.22	4.81	OPAH
萘	Nap	91-20-3	$C_{10}H_8$	3.32	0.42	3.02	PAH
1,4-萘醌	1,4-NQ	130-15-4	$C_{10}H_6O_2$	1.71	3.63	4.07	OPAH
蒽	Ant	120-12-7	$C_{14}H_{10}$	4.54	0.12	123	PAH
9,10-蒽醌	AQ	84-65-1	$C_{14}H_8O_2$	3.39	0.61	16.7	OPAH
蒽酮	AO	90-44-8	$C_{14}H_{10}O$	3.47	5.3	22.6	OPAH
菲	Phe	85-01-8	$C_{14}H_{10}$	4.55	0.95	42.3	PAH
9,10-菲醌	PHQ	84-11-7	$C_{14}H_8O_2$	3.11	7.84	22.6	OPAH
1,4-菲醌	1,4-PHQ	569-15-3	$C_{14}H_8O_2$	3	0.91	10.1	OPAH
芘	Pyr	129-00-0	$C_{16}H_{10}$	4.98	0.29	237	PAH
1,6-芘二酮	1,6-PYD	1785-51-9	$C_{16}H_8O_2$	3.49	1.05	36.8	OPAH
苯并[a]蒽-7,12-二酮	BA-7,12-D	2498-66-0	$C_{18}H_{10}O_2$	4.5	7.57	44.2	OPAH

注：① 分配系数网址来源：https://www.echa.europa.eu/information-on-chemicals/registered-substances；
② 常压下羟基化半衰期网址来源：https://www.echa.europa.eu/information-on-chemicals/registered-substances；常压下羟基化半衰期计算，假设单个 OPAH 的初始浓度为 270 pg/m³；常压下羟基化半衰期随浓度的增加而降低；
③ 生物降解半衰期网址来源：https://www.echa.europa.eu/information-on-chemicals/registered-substances。

1.1.2 多环芳烃在环境中的归宿

由于人类活动、土壤的物理和化学性质、当地的风化和水文地质条件以及石油碳氢化合物的演化过程，PAHs 地理分布差异很大。气温对土壤和空气中 PAHs 的分配和交换有显著影响[12]。从亚洲东向西 HMW PAHs 呈耗竭趋势，LMW PAHs 则呈富集趋势。2 环 PAHs 主要挥发到大气，5 环和 6 环 PAHs 主要沉积在所有季节和所有研究区域，3 环和 4 环 PAHs 更受土壤空气传输的影响，在温暖地区/季节土壤浓度较低，而在寒冷地区/季节表现出在土壤中积累的趋势。大气环境中 PAHs 的浓度随季节变化，北半球夏季太阳光辐射远高于冬季，直接光解速率常数夏季达到最大值，最低值出现在冬季[13]。此外，冬季由于家庭取暖（煤炭和木材燃烧）、较低的大气温度和降解过程使 PAHs 浓度增高[14]。研究发现，冬季采用燃煤供暖的城市和以煤炭工业（包括电力生产）为主的国家中，与颗粒结合的 PAHs 的浓度通常在 1～10 mg/g，超过农田土壤中法定限制数量级[15]。

如图 1-1 所示，PAHs 的最终归宿是土壤。全球 90% 的环境 PAHs 负荷存在于土壤中[6]。工业污染产生的 PAHs 可挥发到大气中，或被土壤有机质吸附，或被植物富集和微生物降解，部分淋溶到地下水中，通过鱼虾等生物富集进入人体[7-9]。

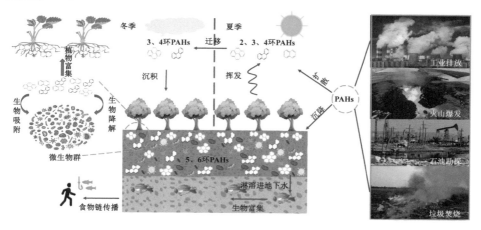

图 1-1 PAHs 的来源、迁移与归宿

PAHs 迁移、转化受多种因素控制，包括：① 土壤类型与性质。如有机质、黏土或矿物含量、腐殖物质的结构组成，土壤温度、湿度、氧化还原电位。随着其生物可利用组分逐渐减少，PAHs 的自然衰减速率和程度不断降低。例如，在有机质和黏土含量高的土壤中，PAHs 通过与有机质的结合/螯合以及向微孔中的

扩散,限制其损耗[10]。② 降解微生物的存在、活性和养分可用性。土壤中 PAHs 的主要损耗途径是通过细菌、真菌或藻类介导的生物降解或共降解[16,17]。③ 单个 PAHs 的物理化学性质,即相对分子质量、生物利用度、毒性和生物降解半衰期[18,19]。土壤吸附 PAHs 的生物有效性对其生物降解至关重要。值得注意的是,吸附和螯合是控制 PAHs 释放到土壤溶液中的两个主要过程,决定其生物利用度[20]。例如,Ma 等[21]观察到土壤中 PAHs 的生物利用度下降,这与随着老化时间的延长蚯蚓的吸收速率和生物富集系数一致。

1.1.3 污染场地土壤标准限值

建设用地土壤污染风险管控中的 PAHs/总石油烃(TPH)限值如表 1-3 所示。北京市地方标准《场地土壤环境风险评价筛选值》(DB11/T 811—2011)在此基础上增加了菲、蒽、芴、荧蒽、芘等 3、4 环 PAHs 的筛选限值,并进一步细化石油烃分类为<C16 和>C16,如表 1-4 所示。

对于农田土壤而言,国家对土壤有机污染的管控标准无细致规定,《土壤环境质量 农用地土壤污染风险管控标准(试行)》(GB 15618—2018)只规定了苯并[a]芘为选测项目,农用地土壤污染风险筛选值设定为 0.55 mg/kg。地方标准在遵循国标的同时根据自身情况增设了限值,如辽宁省标准《多环芳烃污染农田土壤生态修复标准》(DB21/T 2274—2014)控制 PAHs 总量不超过 2 mg/kg,以保证农田土壤健康[22]。

表 1-3 PAHs/TPH 污染场地土壤标准限值　　　　　　　　　单位:mg/kg

污染物	筛选值		管控值		标　　准
	第一类用地	第二类用地	第一类用地	第二类用地	
苯并[a]蒽	5.5	15	55	151	国家标准:《土壤环境质量 建设用地土壤污染风险管控标准(试行)》(GB 36600—2018)[21]
苯并[a]芘	0.55	1.5	5.5	15	
苯并[b]荧蒽	5.5	15	55	151	
苯并[k]荧蒽	55	151	55	1 500	
䓛	490	1 293	4 900	12 900	
苯并[a,h]蒽	0.55	1.5	5.5	15	
茚并[1,2,3-cd]芘	5.5	15	55	151	
萘	25	70	255	700	
石油烃类(C10~C40)	826	4 500	5 000	9 000	

表 1-4　PAHs/TPH 污染场地土壤筛选限值

污染物	筛选值			标　　准
	住宅用地	公园与绿地	工业/商服用地	
萘	50	60	400	
菲	5	6	40	
蒽	50	60	400	
荧蒽	50	60	400	
芘	50	60	400	
䓛	50	60	400	
芴	50	60	400	
苯并[b]荧蒽	0.5	0.6	4	北京市地方标准:《场地土壤环境风险评价筛选值》(DB11/T 811—2011)[22]
苯并[k]荧蒽	5	6	40	
苯并[a]芘	0.2	0.2	0.4	
茚并[1,2,3-cd]芘	0.2	0.6	4	
苯并[g,h,i]苝	5	6	40	
苯并[a]蒽	0.5	0.6	4	
二苯并[a,h]蒽	0.05	0.06	0.4	
TPH(脂肪族):＜C16	230	6 000	620	
TPH(脂肪族):＞C16	10 000	10 000	10 000	

注:(1) 第一类用地/第二类用地;具体划分参见《城市用地分类与规划建设用地标准》(GB 50137—2011);

(2) 污染物含量超过筛选值时,对人体健康可能存在风险;超过管控值时,对人体健康存在不可接受风险,应当采取风险管控或修复措施。

1.2　原位化学氧化研究进展

由于对场地利用的需求,场地与生物的接触程度以及 PAHs 潜在的毒性对环境中的受体会造成风险,因此,对 PAHs 污染场地的修复变得非常重要。目前通用的做法是,将受污染的土壤挖出,运到填埋场堆积起来。但是,这种方法将威胁转嫁给后代,并不是一种真正安全的补救措施[23,24]。20 多年来,人们一直致力于将受污染土壤中的 PAHs 去除或降解至其背景水平,因此产生了几种物理、化学和生物修复方法[25],如自然衰减、生物修复、表面活性剂对土壤的冲洗和原位化学氧化(in situ chemical oxidation,ISCO)[26]。

我国《土壤污染防治行动计划》明确要加强土壤污染防治研究,因为清除土壤中 PAHs 污染物成本高且存在健康风险,这促使原位修复成为重点发展方向和研究热点。ISCO 是通过向污染区域的土壤中注入氧化剂或还原剂通过氧化作用,使土层中的污染物转化为无毒或毒性相对较小的物质,达到修复目的的技术。

1.2.1 常用氧化剂及其作用机理

ISCO 对土壤中有毒有机物的降解主要依赖于化学物质的氧化还原电位。常用的氧化剂包括臭氧(O_3)、过氧化氢(H_2O_2)、高锰酸钾($KMnO_4$)、过硫酸盐(PS)等[25,27,28],不同氧化剂的氧化效果及应用条件如表 1-5 所示。

O_3 的氧化电位为 2.08 V,在常温下可分解为羟基自由基($\cdot OH$)、超氧阴离子自由基($O_2^- \cdot$)等活性氧(ROS),可将难降解有机污染物氧化为低碳小分子和水,深度去除有机污染物,具有操作简单、氧化效率高、二次污染小等优点。然而,由于 ROS 寿命一般非常短暂,限制了 O_3 氧化技术的推广与应用[29]。式(1-1)和式(1-2)为 O_3 氧化有机物的作用机理。

$$O_3 + OH^- \longrightarrow HO_2^- \cdot + O_2 \tag{1-1}$$

$$O_3 + HO_2^- \cdot \longrightarrow \cdot OH + O_2^- \cdot + O_2 \tag{1-2}$$

$KMnO_4$ 的氧化电位为 1.67 V,比 O_3 和 H_2O_2 半衰期更长,在环境温度下的溶解度约为 64 g/L。由于 $KMnO_4$ 氧化不依赖 pH 值,因此经常被用于地下水修复。在生物炭存在下,$KMnO_4$ 对 4-硝基苯酚的降解效率在 180 min 内从 5% 提升至 92%,去除了 37.8% 的总有机碳,且大大降低 4-硝基苯酚的急性毒性[30]。式(1-3)为 $KMnO_4$ 氧化以甲苯为例的有机物的作用机理。

$$12KMnO_4 + C_7H_8 + 12H^+ \longrightarrow 12K^+ + 12MnO_2 + 10H_2O + 7CO_2 \tag{1-3}$$

H_2O_2 的氧化电位为 1.78 V,可用于直接氧化苯、甲苯、乙苯和 PAHs 等有机污染物。在活化 H_2O_2 过程中,不同浓度的氧化剂、催化剂、有机或无机溶质以及 pH 值会形成不同的自由基,这些自由基将在污染物降解过程中主导反应。在产生的许多自由基中,$\cdot OH$ 是一种强大的非特异性氧化剂,可将一系列污染物转化为 H_2O、CO_2 和 O_2。然而,当 H_2O_2 被输送到地下时,由于其半衰期短,运输和有效性受到限制,导致其在土壤基质中迅速分解,限制了其在土壤中的应用[33]。Fe^{2+} 催化 H_2O_2 氧化机理如式(1-4)所示。

$$H_2O_2 + Fe^{2+} \longrightarrow \cdot OH + OH^- + Fe^{3+} \tag{1-4}$$

与 O_3、H_2O_2 等氧化剂相比,PS 具有较高的氧化还原电位和化学稳定性,可被有效地输送到特定的污染区域。此外,PS 的土壤氧化剂需要量低于 $KMnO_4$,且在土壤环境中相对稳定、扩散半径大,是有效原位修复大面积有机污染土壤的理想氧化剂。

表 1-5 典型氧化活化剂的性能及应用条件

| 氧化剂 | | ORP V | 活化剂 | | 体系 | pH | | 污染物 | 浓度 | 降解率/% | 周期 | 来源 |
种类	剂量		种类	剂量		初始值	修复后					
O_3	5 mg/(L·min)	2.08	α-Fe_2O_3	0.10 g/L	水	9	—	苯酚	50 mg/L	97.31	45 min	[31]
O_3	2 L/min		超声	630 W		10	—	全氟辛酸		92.14	30 min	[32]
O_3			电絮凝	3.0A				全氟辛烷磺酸		98.26	12 min	
O_3	0.96 h/h			—		7		染料	COD=350 mg/L	61.2	150 min	[33]
H_2O_2		1.78	Fe^{2+}	—	污泥			PAHs		30		[34]
H_2O_2										78.63		[35]
PMS										64.66		
$KMnO_4$	0.20 mmol/g	1.67			土壤	7.73	9.25		275.02 mg/kg	89.61	1 d	[36]
$KMnO_4$												
PS	30 g/kg	2.1	nZVI	3.5 g/kg		12	~7.6		17 mg/kg	82.21	104 d	[37]
PS			C-nZVI				~6.0			62.78		
PS			mZVI				~2.8			69.14		
PS	1 mmol/L		ZVI	1 mmol/L	0.5 L反应器	3.5	—	Orange G	0.1 mmol/L	100	3 h	[38]
PS			Fe^{2+}	—	水					100	30 min	
PS			Fe^{3+}	—						100	30 min	
PS	5 mmol/L		MnO_2/GO/BiOI	0.5 g/L		7	—	Rh B	20mg/L	96	20 min	[39]

1.2.2 PS 的活化与性能

传统的高级氧化方法基于·OH 和 O_2^-·，其氧化或矿化有机污染物的过程是非选择性的[40,41]。与传统氧化剂相比，PS 原位化学氧化方法具有更高的氧化还原电位（$E_0 = 2.1$ V）、更广的 pH 值应用范围（酸性、中性和碱性环境）、更温和、对土壤微生物的毒性更小，被广泛用于降解多氯联苯、PAHs 等[42]。然而，PS 稳定，不易分解，使水体和土壤中污染物的氧化率低。通常，PS 活化会产生 SO_4^-·和·OH 强氧化性自由基，其中 SO_4^-·具有比 PS 更高的氧化还原电位（$E_0 = 2.60$ V），其氧化能力远高于未活化的 PS，可增强 PAHs、石油烃等有机污染物的降解和矿化[43]。这一特殊的优势使 PS 越来越多地被广泛应用于修复各种有机化合物污染的水体和土壤。此外，SO_4^-·持续时间较长，可以延长与有机化合物的接触时间，提高降解效率。

PS 的活化技术分为均相催化和多相催化。均相催化主要包括物理活化（如热、紫外线）和化学活化（如金属离子、碱性、酚类、醌类）。多相催化主要涉及金属催化剂（如钴基、铁基、锰基）和碳催化剂（如碳纳米管、纳米金刚石）[44-46]。在 PS 原位修复技术应用过程中，物理活化需要连续的能量输入，化学活化则要注入大量的化学试剂，对环境和经济成本都有负面影响。铁因其无毒廉价且土壤中含量丰富，已被广泛用作 PS 的活化剂[37,47-49]。不同铁基活化剂的主要性质和性能见表 1-6。

低成本和环境友好的 Fe^{2+} 具有明显优势，被广泛用于活化 PS 修复有机污染的地下水和土壤[50-52]。然而，土壤中 Fe^{2+} 由于半衰期短，易氧化为 Fe^{3+} ［式(1-4)］，导致活化率降低[53]。大量研究表明，土壤中含有多种能氧化 PS 的含铁矿物，包括磁铁矿（Fe_3O_4）、铁氧体（$Fe_5HO_8 \cdot 4H_2O$）等，这些矿物具有良好的结构和催化稳定性，可以参与多个氧化循环[54,55]。酸性条件下铁矿物的化学组成和晶体结构会影响其溶解度，从而影响其稳定性和活化[50]。负载型铁基活化剂在稳定性、持久性、分散性和反应速率方面具有独特的优势。常用的载体有碳材料、二氧化硅、层状双氢氧根等。载体为铁提供了较大的比表面积，使其分散均匀，暴露出更多的金属位点，协同增强了催化性能。然而，由于土壤中氧化铁含量过低，在 ISCO 修复过程中不能显著活化 PS[56]。此外，由于 Fe^{3+} 需还原为 Fe^{2+}，导致 PS 活化率受限。研究发现，零价铁（ZVI）允许 Fe^{2+} 缓慢释放 ［式(1-6)］，还能将 Fe^{3+} 还原为 Fe^{2+} ［式(1-7)］，最大限度地提高了活化率，解决了淬灭 SO_4^-·的问题[57]。因此，使用相同剂量的 ZVI 进行原位土壤修复比纯 Fe^{2+} 更有效。

$$S_2O_8^{2-} + Fe^{2+} \longrightarrow Fe^{3+} + SO_4^{2-} + SO_4^- \cdot \qquad (1-5)$$

表1-6 铁基活化的氧化条件与性能

类型	土壤性质	污染物	反应条件	反应时间	降解率/%	自由基	来源
Fe-Ni/AC	pH=7.86;土壤水分=6.22%;电势=285.5;TOC=7.26 g/kg;Fe=24.63 g/kg	PAHs	[PS]=135 mg/g 土壤;[Fe-Ni/AC]=10 mg/g 土壤;去离子水=5 mL	72 h	86	$SO_4^-\cdot$ $\cdot OH$ $\cdot OOH$	[58]
Fe_3O_4	pH=5.9±0.8;SOM=(15.7±5.36)%;CEC=(19.99±6.12) cmol/kg;Fe=(21 500±2 354) mg/kg	TPH	[乙醇]=(4 200±124) mg/kg;[Fe_3O_4]=1%;[PS]=5.5%;含水率=85%;pH=4.5	48 h	95.42	$\cdot OH$	[59]
nFe_3O_4	pH=6.8;SOM=13.37 g/kg;土壤水分=0%	芘	[芘]=50 mg/kg;MW 温度=60 ℃;土壤水分=15%;[PS]=1.5 mmol/L;nFe_3O_4=40 mg	45 min	91.7	$SO_4^-\cdot$ $\cdot OH$ $O_2^-\cdot$ $^1O_2$	[60]
Fe^{2+}+热	pH=5.5	菲	[菲]=596.39 mg/kg;[PS]=3.47%	90 d	99.24	$SO_4^-\cdot$ $\cdot OH$	[61]
ZVI	pH=6.6;CEC=16.5 cmol/kg;TOC=4.3 g/kg;外表面积=2.3 m²/g;孔隙体积=0.005 cm³/g	对硝基氯苯	[p-NCB]$_0$=2.87 mmol/kg 土壤;[Fe]=0.8 mmol/g;[PS]=5.0 mmol/g;pH=6.6;温度=25℃	6 h	94.1	$SO_4^-\cdot$ $\cdot OH$	[62]
ZVI	pH=6.41;SOM=1.6468%;土壤粒径=1.700~2.360 mm	TPH	[TPH]$_0$=19 850 mg/kg;[Fe]=0.28 g;土:水=1:1;初始 pH=7	3 d	58.09	$SO_4^-\cdot$ $\cdot OH$	[54]

$$Fe^0 + S_2O_8^{2-} \longrightarrow Fe^{2+} + 2SO_4^{2-} \qquad (1-6)$$

$$Fe^0 + 2Fe^{3+} \longrightarrow 3Fe^{2+} \qquad (1-7)$$

此外,ZVI 的粒径越小,比表面积越大,活性位点越多,PS 的活化效果越好;但纳米级 ZVI 颗粒团聚严重,合成成本较高,阻碍了其在土壤修复中的应用。因此,维持和调控 Fe^{2+} 浓度,对反应体系中 PS 的活化至关重要。

1.2.3 金属-碳材料活化机理

碳基催化剂通常经自由基或非自由基途径实现有机污染物的降解,途径的选择取决于碳结构的不同[63]。研究人员通过自由基猝灭实验、电子自旋共振(ESR)以及电化学工作站等研究手段证实单质碳活化 PS 的机制主要有自由基途径、非自由基途径和两种途径共同作用机制[64,65]。

(1)自由基途径

自由基途径为溶液中的 $S_2O_8^{2-}$ 离子和 HSO_5^- 离子接受碳基的电子传输,导致 O—O、O—H 键断裂形成 $SO_4^- \cdot$ 和 $\cdot OH$ 自由基。比如有研究者认为碳基中具有丰富自由流动电子的 sp2 杂化碳网络和碳未配对电子的边缘位点能够转移到 PS 上形成 $SO_4^- \cdot$。公式为[66]:

$$C-\pi + HSO_5^- \longrightarrow C-\pi + OH + SO_4^- \cdot \qquad (1-8)$$

而单质碳-PS 体系中,$\cdot OH$ 的存在主要是因为 $SO_4^- \cdot$ 具有比 $\cdot OH$ 高的氧化还原电位,$SO_4^- \cdot$ 能够与体系中的 H_2O 发生反应生成 $\cdot OH$,其反应如下:

$$SO_4^- \cdot + H_2O \longrightarrow SO_4^{2-} + \cdot OH + H^+ \qquad (1-9)$$

$$SO_4^- \cdot + OH^- \longrightarrow SO_4^{2-} + OH \qquad (1-10)$$

自由基途径是过一硫酸盐(PMS)在某些碳催化剂上活化的常用途径。如图 1-2 所示,用铁-镍/活性炭(AC)活化 PS(50 ℃)可能通过三种机制发生:① 铁基-双金属颗粒可以促进 $SO_4^- \cdot$ 的产生;② AC 表面具有强给电子基团,即过氧化氢基团($\cdot OOH$)和羟基($\cdot OH$),这也可以帮助 PS 产生更多的 $SO_4^- \cdot$;③ 低温加热促进 PS 自由基的产生。

(2)非自由基途径

非自由基途径是碳质催化剂作为电子交换体,将电子从被吸附的有机物(电子供体)转移到被激活的 PS(电子受体),从而实现目标污染物非自由基氧化。因此,非自由基途径的前提是有机物(电子供体)被很好地吸附在碳材料的表面,非自由基途径无法对难以吸附的有机物发挥作用[67]。

非自由基途径主要方式有两种:电子转移和 $^1O_2$。第一种是介导的电子转移,该方式认为催化剂表面发生了一种新型的非自由基反应,这种反应不涉及过氧键的破坏,氧化电位较弱;不受废水中 pH 值、卤素离子和有机物的影响,并且

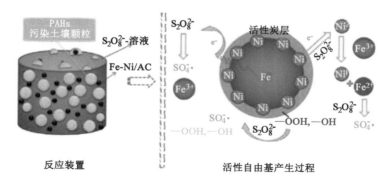

图 1-2　铁-镍/活性炭（AC）活化 PS[68]

有一定的选择性。其主要机理为催化剂表面的活性吸附位点吸附过硫酸盐形成亚稳态反应中间体，亚稳态反应中间体通过催化剂骨架上的电子转移直接氧化目标污染物[69,70]。Guan 等[65]利用多壁碳纳米管（CNT）活化 PS 氧化体系去除磺胺甲恶唑（SMX），通过与 SMX 一系列结构类似物的比较，证明了 SMX 分子中的苯胺部分是被非自由基活性物质攻击达到对 SMX 降解目的的。

　　如图 1-3 所示，多孔氮掺杂的碳材料通过 sp2 杂化的 C 和 N 网络有效地促进了电子从污染物向 PS 的转移。非自由基降解路径的本质是电子的转移，将电子从污染物（电子供体）转移到 PMS（电子受体），从而破坏吸附在碳材料上的有机污染物结构的稳定性，导致其快速分解。

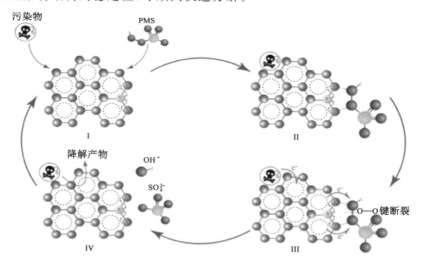

图 1-3　多孔碳材料介导的电子从污染物向 PMS 的转移[75]

第二种是 $^1O_2$ 方式,其主要机理是通过碳基中某些化合键与 PS 作用生成 $^1O_2$,$^1O_2$ 具有选择性,能够快速氧化有机污染物。有研究者认为 C=O 基团在 PMS 活化过程中通过亲核加成和形成过氧化氢中间体来生成 $^1O_2$[71]。在基于 PS 高级氧化体系中,PMS 在碱性条件下也可以通过自分解产生 $^1O_2$[72],但反应速率较低。某些催化材料上的特殊位点如碳材料催化,也可以活化 PMS 产生 $^1O_2$[73]。

(3)两种机制共存

很多研究证明单质碳-PS 体系中通常并非只存在一种降解途径,往往是自由基途径和非自由基途径共同作用[74]。比如研究者利用 CNTs 分别活化 PMS 和过二硫酸盐(PDS)降解溴苯酚,根据前人研究经验和通过 EPR 和自由基猝灭实验得出,PMS-CNT 氧化体系降解目标污染物溴苯酚时是两种途径共同作用机制,模拟水体中有自由基(SO_4^- $\cdot$、$\cdot$ OH)和非自由基($^1O_2$、亚稳态表面络合物)两种途径共同作用;然而与 PMS 的情况不同,PDS-CNT 氧化体系中只包括单一的非自由基物质降解路径(亚稳态表面络合物),研究者认为导致这种现象的原因可能是 PMS 与 PDS 分子结构的不同(即 PMS 的不对称结构与 PDS 的对称结构),PMS 的 O—O 键(1.326 A)比 PDS(1.222 A)更长,因此 PMS 更容易被碳纳米管活性激活生成自由基[76]。Chen 等利用还原型氧化石墨烯负载中空 CO_3O_4@N 掺杂多孔碳作为 PMS 活化剂降解磺胺甲恶唑,通过自由基猝灭实验和 EPR 实验发现氧化体系中自由基途径(SO_4^- $\cdot$、$\cdot$ OH 和 O_2^- $\cdot$)和非自由基途径($^1O_2$ 和直接电子转移)都参与了磺胺甲恶唑的降解[77]。

非自由基途径比自由基途径在降解有机污染物时具有更高的选择性,且非自由基过程中没有产生自由基,因此避免了对吸附剂的氧化和破坏。因此非自由基途径在高级氧化技术中有更广阔的应用前景。

1.2.4 过硫酸盐氧化条件的优化

(1)过硫酸盐用量

过硫酸盐用量对 PAH 的去除起着决定性作用,在一定范围内,过硫酸盐用量的增加能提升 PAH 的去除率。当过硫酸盐氧化与微生物联合修复 PAH 污染土壤时,过硫酸盐用量还决定着对土壤微生物的影响程度,高浓度的过硫酸盐会严重氧化破坏细胞结构,且过硫酸盐分解后,土壤 pH 值降低,不利于微生物的生存。因此,在过硫酸盐氧化与微生物联合应用时,应严格控制过硫酸盐浓度。

有研究表明,低浓度过硫酸盐对土壤有机污染物的微生物降解具有一定的促进作用。Xu 等[78]在苯并[a]芘污染土壤修复实验中发现,20 mmol/L 的过硫酸钠能改善微生物群落组成,增加 PAH 降解菌的比例,并促进其降解基因的表达,经过 60 d 修复后,苯并[a]芘去除率达 98.7%。Chen 等[79]研究发现,42～126 mmol/L 的过硫酸钠更适宜化学氧化与微生物的联合修复,当过硫酸钠浓度超过 210 mmol/L 时,会严重损害土壤微生物。

（2）过硫酸盐活化方式

过硫酸盐通常需要被活化,才能产生氧化性更强的 $SO_4^- \cdot$,常用的活化方式有碱活化、紫外活化、热活化和过渡金属活化等。

当碱活化应用于土壤修复时,由于土壤的酸碱缓冲作用较大,在调节 pH 值时会消耗大量的碱,产生二次污染,且过高的碱性条件不利于微生物的生长。当紫外活化应用于土壤修复时,由于紫外线具有灭菌作用,不利于土壤微生物的存活。当热活化应用于土壤修复时,通常耗能较大,且高温会使微生物的蛋白变性,抑制微生物代谢活性。而过渡金属中的 Fe^{2+} 具有较好的活化效果,且 Fe^{2+} 是土壤中固有的,生态风险更低,不会毒害土壤微生物,因此应用更为广泛;但 Fe^{2+} 会竞争消耗 $SO_4^- \cdot$,因此实验中应严格控制过硫酸盐与 Fe^{2+} 的比例;此外,土壤中固有的铁矿物也能活化过硫酸盐,但活化效率与铁含量及其形态密切相关。

不同的铁材料,如零价铁、氧化铁和铁离子（Fe^{2+}/Fe^{3+}）已应用于过硫酸盐的活化。生物炭（BC）通常用作吸附剂和载体,研究报道,BC 可用作过硫酸盐的活化剂以去除有机物[80]。BC 上负载铁基过渡金属材料作为一种高活性的多组分活化剂在石油污染修复中已得到广泛应用,且取得了较好的修复效果。采用一些高导电性的碳质材料作为 Cu、Fe 氧化物的基体,可防止其聚集,使活性位点均匀分布,提高其催化性能。但对于过渡金属负载碳基复合材料活化过硫酸盐的催化机理不尽相同,大部分学者认为碳基和过渡金属依靠电子传递进行,分别是非自由基途径与自由基路径的主要贡献。

1.2.5　ISCO 修复过程中的问题

（1）化学氧化可以高效降解有机污染物,但土壤中污染物浓度越高,需要的氧化剂就越多,这无疑会增加修复成本;添加氧化剂后,石油烃和土壤有机质的氧化可能同时发生,从而导致氧化剂的非生产性消耗,不可避免地增加了所需的氧化剂量。

（2）化学氧化剂和自由基的存在,会严重破坏土壤结构及微生物活性,造成二次损害。在氧化脱氢过程中,可能会产生一些酸性中间体,使得土壤 pH 值降低[81]。耦合修复的预氧化过程产生的硫酸根自由基（$SO_4^- \cdot$）对细胞具有很强的破坏性,会引起脂质过氧化、蛋白质氧化、DNA 损伤等有害影响,对土著微生物生物量、菌种、酶活性、ATP 含量以及呼吸速率产生不利影响，限制后续的土地利用[82,83]。

（3）现阶段的研究基本处于实验室阶段，研究者还应加强对实际污染的研究，以反映活性过硫酸盐氧化工艺在实际应用中的可行性。

回弹是指污染物浓度在一定程度难以持续降低，在修复系统关闭后，污染水平将再次上升的现象[84]。老化污染物、未溶于水的污染物和高 SOM 等因素是中试和现场修复中出现回弹现象的原因。ISCO 的氧化修复效率受污染场地的地质条件和污染物状态的影响。有机污染物普遍具有较强的疏水性，它们以非水相液体的形式存在于土壤和含水层的孔隙中，由于有机碳分配系数较高，这类污染物也容易被土壤和含水层吸附，特别是在有机质含量较高的介质中；复杂的地质条件降低了传质效率，使得石油污染物很难完全矿化为 CO_2 和 H_2O。这些因素造成了回弹效应，使污染场地的修复成为一个挑战[84]。

Peluffo 等[26]研究结果表明，PS 添加导致 pH 值降低和盐含量增加，高剂量下的环境扰动必然会不利于自然衰减的生态恢复或限制生物强化的修复效率。此外，PS 投加量及活化方法不仅影响有机污染物的去除效率，而且高剂量的氧化剂的投加使修复成本过高，还会破坏土壤质量，导致土壤用途局限在工业和建筑业，丧失作为农田应用的可能性，损害了土壤生态系统和生态功能，与环境健康理念相违背[85,86]。如何通过研究 PS 投加量及优化活化方法，减少土壤中 PAHs 污染物，促使原位修复成为研究的重点发展方向。

1.3 微生物修复 PAHs 研究进展

1.3.1 微生物修复及菌源

在所有可用的修复技术中，生物修复及其与其他方法的整合已获得更广泛的认可，成为处理 PAHs 污染土壤的可行技术，其顺序如下：生物修复（植物/微生物，43.4%）＞综合（物理/化学/生物，23.1%）＞萃取（15.1%）＞酶催化（9.2%）＞化学氧化（3.5%）＝加热（3.5%）＞淋洗（1.5%）＞电动修复（0.7%）（图 1-4）。

微生物修复是一种依靠微生物的代谢潜能来去除污染物的生物方法[87,88]。已知来自污染沉积物或土壤的许多微生物可以处理 PAHs 污染。这些适应污染环境的微生物配备的特定酶系统，使其能够使用碳氢化合物作为唯一的碳源。在受碳氢化合物污染的环境中发现了不同的降解碳氢化合物的微生物，例如细菌和古细菌[89-91]。

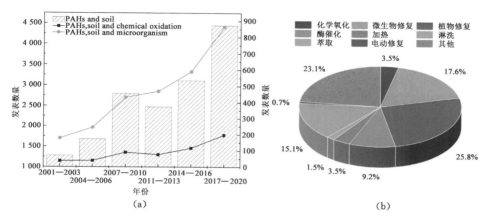

图 1-4 2001 年到 2020 年，包含关键字"PAHs and soil""PAHs, soil and chemical oxidation"，
"PAHs, soil and microorganism"的索引期刊的论文数量变化趋势(a)；
2001 年到 2020 年，各处理方法在包含关键字"PAHs and soil"
索引期刊论文总量的占比(b)(来源于 Web of Science)

　　土壤中微生物群落的结构深刻影响着石油碳氢化合物的降解程度。Liu 等[92]观察到，在修复的早期阶段，细菌群落是造成饱和烃和部分芳香烃降解的原因，真菌群落在后期修复过程中成为分解极性碳氢化合物馏分的主导。Hesham 等[93]从埃及石油污染的不同地点分离出霍马切肠杆菌 ASU-01，当添加芘作为唯一的碳源培养 15 d 时，降解效率分别为 77.7% 和 83.7%，与低相对分子质量 PAHs 混合时，芘的降解效率提高到 98.5%。

　　土壤长期污染排放使土著菌具有解决 PAHs 复合污染问题的潜力。Jiang 等[94]发现，镉胁迫下，菲初始浓度为 500 mg/kg，添加苏云金芽孢杆菌 FQ1 后，菲降解率达 95.07%。芽孢杆菌、大肠杆菌和分枝杆菌是 PAHs 生物修复的常见细菌。它们可以在重金属胁迫下，降解蒽、萘、菲、芘和苯并[a]芘等复合 PAHs 污染，并减轻与 PAHs 一起出现的镉、铜、铬和铅等重金属带来的抑制作用。Margesin[95]发现，低温下原始高山土壤存在大量($10^3 \sim 10^4$ cells/g 土)能够利用柴油作为唯一碳源的土著细菌，表明受污染和未受污染的高山土壤都含有显著的石油降解细菌种群($10^5 \sim 10^7$ cells/g 土)[96,97]。Juck 等[98]对加拿大北极地区原始土壤和石油碳氢化合物污染土壤的群落结构进行比较发现，优势带型(63.6%)代表放线菌目中的高 G+C 微生物，36.4% 属于变形菌，主要由黄单胞菌属、卤单胞菌属和甲基杆菌属组成的 γ 变形菌是变形菌中最重要的成员(62.5%)。

　　对污染环境微生物修复体系而言，降解微生物是核心，菌种来源尤为重要。

1.3.2　生物修复过程中酶的催化作用

土壤中所有生物化学转化如养分循环取决于微生物产生酶的作用。微生物酶的催化作用是一种"绿色"方法,与化学催化剂相比,由于反应条件更少、反应速率更高、立体特异性更强以及在相对较低的温度和较宽的 pH 值范围内催化反应的能力,这种方法非常有效和具有选择性[81]。

(1) 生物酶诱导 PAHs 的代谢反应,使其转化为毒性较低的小分子物质

人们一直关注脱氢酶活性对碳氢化合物的影响(22%),其次是脲酶活性(16%)和磷酸酶活性(13%),大约 10% 的研究测量了过氧化氢酶、转化酶和蛋白酶等酶的活性,以及不到 5% 的研究中考虑了 β-葡萄糖苷酶、纤维素酶和过氧化物酶以评估不同类型碳氢化合物引起的土壤污染程度[99]。不同酶对碳氢化合物的作用取决于土壤特征、碳氢化合物类型、污染物的剂量及其与土壤接触的时间。

当碳氢化合物如石油烃释放到环境中时,会蒸发、溶解、分散、乳化、吸附和被微生物降解[100]。土壤漆酶广泛分布于真菌和高等植物中,作为传统生物催化剂的替代品,在温和的条件下能有效降解有机污染物[101]。研究发现,在 2,20-Azino-bis-3-乙基苯并噻唑啉磺酸盐作为介体的存在下,真菌栓菌漆酶氧化 15 种 PAHs,发现降解酶促使蒽转化为蒽醌,苯并[a]芘转化为苯并[a]芘基乙酸酯等毒性相对较低的中间体[102]。在有关碳氢化合物污染土壤功能变化的动力学研究中,发现污染事件发生后,脱氢酶、磷酸酶和尿素酶活性立即下降,污染物毒性减弱,甚至恢复至未受污染的土壤[103],表明酶促使污染物发生转化,降低对土壤的毒性。

(2) 微生物通过酶促反应驱动土壤 C、N、P 等物质循环

土壤脱氢酶活性是评估碳氢化合物对土壤微生物影响的重要参数,也是微生物氧化还原系统的指示剂,可被视为整体土壤的微生物活性。磷酸酶是一种由土壤微生物产生、负责将有机磷化合物水解为无机磷的胞外酶,可表征胞内和土壤积累的催化活性磷酸的酯和酸酐的水解。脲酶催化尿素水解为铵和二氧化碳,在氮(N)的循环中起着主要作用。脲酶活性主要来自微生物,与土壤有机质含量有关。纤维素酶是土壤生态系统碳循环中的重要酶,作用于纤维素中的 β-1,4-葡聚糖键。纤维素是自然界中最丰富的碳质聚合物,参与自然碳循环的主要过程。Labbé[104]对原始高山土壤和受碳氢化合物污染的高山土壤进行了研究,发现 γ-谷丙转氨酶与土壤总磷(TP)含量呈显著正相关($p < 0.01$)。

此外,除上述与微生物生长代谢、物质转化息息相关的酶外,通过 PAHs 的降解路径发现,微生物可通过功能基因的表达产生关键酶以诱导 PAHs 的开环

等过程。部分关键功能基因如表 1-7 所示。

表 1-7 参与 PAHs 降解的功能基因

序号	基因名称	功　能
1	nahH	邻苯二酚 2,3-双加氧酶
2	HPD	4-羟基苯基丙酮酸双加氧酶
3	nahG	水杨酸羟化酶
4	pcaG	原儿茶酸 3,4-二加氧酶
5	xlnE	龙胆酸 1,2-双加氧酶
6	catA	邻苯二酚 1,2-二加氧酶
7	ligA	原儿茶酸 4,5-二氧合酶
8	nagG	水杨酸 5-羟化酶
9	antA	蒽醌 1,2-二加氧酶
10	phdI	1-羟基-2-萘甲酸二加氧酶
11	ndoB	萘 1,2-二加氧酶
12	nahC	1,2-二羟基萘双加氧酶

就双加氧酶而言,酶活性提高有利于增加芳环中羟基的数量,不仅为芳环开环裂解准备了大量的电子云(羟基的给电子作用),调动脱羧酶使其脱羧,进入 TCA 循环;而且提高了多环芳烃中间产物 OPAHs 的水溶性。水杨酸羟化酶是 PAHs 降解过程中的关键酶,它可催化水杨酸生成儿茶酚并在儿茶酚途径中降解。因此关注微生物降解过程中双加氧酶和羟化酶活性有助于石油污染土壤的有效修复。

1.3.3 微生物修复的强化

基于微生物代谢的自然衰减生物修复技术,通过以较低的成本消除大量环境中的有机污染物,修复污染土壤的过程侵入性较低、人为干预最小,克服了大多数物理化学方法的缺点,成为去除包括 PAHs 在内有机污染物的经济、环保和灵活的重要补救策略[105,106]。然而,自然衰减多适用于石油勘探和开采,管道输送等人类活动较少的场景,需要对土壤进行长期监测[43]。此外,尽管生物修复是一种有前途的、相对有效且具有经济效益的技术,但目前生物修复方法仍存在如下局限性:① 微生物群落的能力较弱;② 有机污染物的生物可利用性低;③ 营养和环境因素如水分含量、温度、土壤 pH 值、电子供体和/或受体的可用性、高污染物浓度的不平衡等干扰[107,108];④ 修复周期较长等,这限制土著微生物种群现场修复技术的广泛应用。

生物刺激与生物强化方法易于获得且成本低、环境友好，可有效刺激和强化生物修复[109-111]。① 生物刺激，通过改变包括改善影响生物修复过程的操作条件，例如养分浓度、pH 值和水分含量，促进本地微生物群落的生长，以提高其生物修复效果。② 生物强化是污染环境接种特殊微生物菌群方法，可以通过引入从污染土壤中分离出来并以碳氢化合物作为碳源进行培养的单一土著菌株或土著菌群，或从不同碳氢化合物污染场所筛选的外生菌群，以增强生物降解效果。此外，也有尝试用生物刺激-生物强化相结合的方法，研究土壤中碳氢化合物的生物降解效率[112]。

许多研究报道了成功的生物修复方法，即通过添加适当营养素（N 和/或 P）进行生物刺激以避免代谢限制，从而改善了土著微生物的代谢活性[113]；实验室条件下在污染场地土壤重新接种富集后的土著微生物，发酵增强微生物的活性，从而改善了碳氢化合物的降解[114,115]。课题组前期从焦化废水厂的活性污泥中采用"邻苯二酚-石油烃"双底物驯化获得石油烃的专性降解菌系并确定其最佳反应条件。驯化后的专性菌系以产黄杆菌属（*Rhodanobacter* sp.）为主，占比41％。最适降解温度为 30～35 ℃，最佳 pH 值为 7～8。聚山梨酯-80（吐温 80）可作为碳源促进专性菌系的生长，提高了石油烃的降解效率，当吐温 80 的浓度为 5 CMC（临界胶束浓度，375 mg/L）时，石油烃的降解效率最高。在最佳环境条件下，为期 80 d 修复实验，构建的专性菌系使石油烃降解效率稳定在 77％[116]。

鉴于 PAHs 具有稳定的分子结构和较强的疏水性，因此有必要提高其溶解性以增加其生物降解性。一种很有前途的替代方法是利用本地或外源微生物原位生产生物表面活性剂，这些微生物代谢 PAHs，也产生生物表面活性剂[117,118]。已知几种微生物物种，包括 *Selenastrum capricornutum*，*Ralstonia basilensis*，*Acinetobacter haemolyticus*，*Pseudomonas migulae*，*Sphingomonas yanoikuyae* 和 *Chlorella sorokiniana*，能通过生物吸附和酶介导来降解PAHs[119]。*Pseudomonas putida* 不仅能快速适应并与原生微生物协同作用去除 PAHs，而且还能产生原位生物表面活性剂[120]。*Enterobacter himalayensis* 能降解难降解的化合物如 PAHs，并产生鼠李糖脂，被认为是生物修复 PAHs 的重要微生物[121]。

为了提供用于生物增强的接种物，从这些被污染的环境中分离微生物是至关重要的。但是，由于土壤中 PAHs 等污染物的复杂性，由具有多种代谢能力和营养相互作用的微生物组成的微生物群落比单一菌种更好。与纯培养物相比，使用碳氢化合物污染物作为唯一碳源的混合菌具有更好的代谢通用性。在实验室条件下,细菌和真菌的共培养显示出柴油和 PAHs 降解率的提高[122]。因此,生物降解过程中不同微生物群之间的分解代谢相互作用极为重要[123]。尽管可以对降解过程中涉及的微生物进行鉴定和表征,但对受污染土壤中土著群落的生物多样性和其对功能菌群的响应知之甚少[124]。

不论是自然衰减还是生物强化或生物刺激,在有机化合物污染土壤应用中,化合物的降解速度相当缓慢[125]。针对高浓度 PAHs 污染的土壤,例如 >10 000 mg/kg,如果不首先采用预处理来降低 PAHs 的浓度和毒性,大多数生物修复方法都无法处理[126]。在生物修复之前首先使用 ISCO,可以大幅度缩短单纯生物修复所需的时间,减轻土壤中的有机污染负荷,同时减轻污染初期对人类和生态系统的紧急风险[127]。

1.4　Fe²⁺/PS-微生物修复技术及其制约因素

1.4.1　Fe²⁺/PS-微生物联合修复技术可行性

传统观点认为,化学氧化与基于生物的修复技术不相容。pH 值的增加或减少,以及由 ISCO 处理引起的氧化还原条件的变化显著改变了地下条件并对微生物种群有毒害作用[128,129]。由于氧化过程对土壤组成和结构以及微生物活性造成破坏,化学氧化与微生物修复技术兼容性受到挑战。

然而,土壤氧化与生态功能间不是单纯的积极、中立或消极的关系。也有研究表明,尽管化学氧化可以暂时降低微生物活性,但细菌种群确实在田间和实验室实验可自我恢复污染物生物降解能力[130-133]。在许多情况下,已经得出结论,ISCO 预处理可通过以下方式改善整体修复:① 将污染物浓度降低到对土壤生物群具有较低毒性的水平[134];② 提高母体化合物的生物利用度[111,135];③ 产生生物可利用和可降解的氧化中间产物[136];④ 为污染物的好氧生物转化提供氧气[137]。有人提出,由于 ISCO 处理无法获取和氧化所有残留污染物且生物修复技术比化学氧化技术需要更长的时间跨度,但生物修复技术可以更好地利用场地中那些容易被生物体利用的污染部分[138],因此需要进行氧化-生物联合处理以完全修复场地,这对场地修复尤为关键。

化学氧化期间产生的条件可显著影响后续残留污染物生物降解的有效性和效率。PS 氧化特定部分的污染物,会产生一系列氧化底物,这些底物必须是生物可利用的和可降解的,以确保有效的生物修复步骤。已知的化学氧化处理是通用的,能够氧化各种各样的基质。此外,研究发现,在 PS 氧化过程中,一方面有机质被氧化,释放土壤中的硫酸盐、N、磷酸盐和铁,另一方面 $S_2O_8^{2-}$ 和(或)

SO_4^-·可转化为SO_4^{2-},这些营养物质和电子受体的增加可以促进细菌的代谢活性,强化生物降解[5]。

1.4.2　Fe²⁺/PS-微生物联合修复技术制约因素

目前的趋势清楚地表明了研究人员对绿色和可持续方法的兴趣。尽管氧化-生物联合修复技术被认为能够成功修复 PAHs 污染的土壤,但在大多数情况下,影响 PS-功能菌修复技术效果的因素可大致分为 4 个:微生物、土壤性质和天气、污染物和共同污染物以及成本,这些因素动态相互关联作用。其中,环境类型土壤、通气状态氧的可利用性、PAHs 浓度、温度、辅助碳源的生物有效性、其他抑制性污染物或共污染物的存在、土壤含水量、水分活性、土壤养分的缺乏和微生物竞争极大地影响补救系统的效率和有效性[139]。因素的适当优化对于提高修复效率和确保场地的成功修复至关重要。

（1）降解多环芳烃功能菌的筛选及其与土著菌的竞争作用

化学氧化对于恢复微生物修复潜力是一个复杂且漫长的过程。高剂量Fe^{2+}/PS 的氧化过程容易造成土壤的组成和结构破坏、pH 值降低、盐度升高、SOM 含量下降等危害,严重影响微生物的生长代谢[85,86],这使化学氧化与微生物修复技术兼容性受到挑战。为了满足场地修复需求,同时兼顾土壤功能保全,关键在于定向筛选适应低剂量氧化后温度、pH 值和盐度等极端环境条件的功能菌。

此外,功能菌可在一段时间发挥修复功能,因与土著菌竞争或抑制,长期修复中很难保持原接种物的纯度和稳定性。Abtahi 等[140]发现在石油废渣生物修复过程中,同时添加分离的石油降解菌与本地土著微生物会导致堆肥效率下降。修复目标在于生态系统提供功能和服务的可持续性,随着修复进行,微生物可改变组成或休眠应对复杂环境的有机污染,以表现功能的稳定性[141]。研究表明关键类群可推动微生物群落的组装[142],在组织土壤微生物群落结构方面表现独特和关键的作用,对生态系统发展产生持续影响[143]。因此,需要研究 PAHs 污染土壤修复中功能菌引入后关键土著菌群的结构变化,及其对生态系统稳定性的潜在影响机制,预测评估修复效果及潜力。

（2）氧化条件下修复土壤参数对微生物群落结构的影响

由于土壤的异质性,PAHs 污染场地的修复仍然是一个巨大的挑战。土壤异质性对 PAHs 传质及生物降解群落产生影响。根据土壤类型不同,修复速度或快或慢,有时会产生比原始母体 PAHs 毒性更大的含氧 PAHs(OPAHs)[144]。不完全降解过程导致了 OPAHs 的产生,越来越多的证据表明,一些 OPAHs 比未取代的 PAHs 更具毒性。此外,与其他短暂的有机化合物相比,OPAHs 在环境中具有持久性[145]。

人们普遍认为,pH 值是 PAHs 生物修复效率的主要变量。由于不同物种的最佳 pH 值会发生变化,因此微生物会受到 pH 值的影响。因此,PAHs 可以通过改变 pH 值、氧气条件和其他环境因素来强烈影响细菌的群落结构和酶活性,同时反过来又会影响 PAHs 的生物修复[146]。一些原位微生物在酸性或碱性条件下会受到严重抑制,不能降解 PAHs,但它们对其他极端条件的耐受性更高,仍然有可能在优化条件下处理 PAHs。因此,调控污染土壤的 pH 值变化是一个重要的尝试[147]。

土壤中的木质素和腐殖酸等 SOM 是决定 PAHs 螯合的最重要的土壤成分[148]。总有机碳(TOC)已被证明在 PAHs 对不同受体的生物利用度和生物可及性中占主导地位[149]。木质素和腐殖酸广泛分布在土壤和地下水中,在 PAHs 的生物修复过程中发挥着重要作用。通过静电作用和表面吸附 PAHs,直接降低土壤颗粒吸附作用或间接增加土壤颗粒中结合的 PAHs 残留的释放,从而提高 PAHs 的迁移率和利用率,提高微生物降解 PAHs 的速度[150]。Gao 等[151]发现,添加 $10\sim100$ mmol/kg 低相对分子质量有机酸后,土壤 40 d 后丁醇可提取的总 PAH 和每种 PAH 的浓度比不添加低相对分子质量有机酸的对照组高 $54\%\sim75\%$。

此外,PS 活化氧化过程会对土壤组成和结构以及微生物生长产生影响[23-25]。土壤中有机污染物的生物降解受生物和非生物环境因素的影响。非生物因子如 pH 值、温度、氧气、养分有效性和土壤质地等影响接种菌系的存活和降解活性。Ranc 等[152]研究指出,土壤碳氢化合物的生物降解可能受到微生物生长和代谢所需要含水量的限制。有研究报道生物强化在好氧或厌氧条件下成功修复了有机污染土壤,然而,关于生物和非生物环境参数对 PS-生物强化的影响尚未量化。PS 联合微生物修复体系的关键是设计满足微生物群体要求的化学氧化处理,以提高整体的去除效率。其核心问题是探寻 PS-微生物联合修复 PAHs 污染土壤的最佳接口。

(3)复杂环境条件下土壤功能与持续生态修复潜力

参与碳氢化合物生物降解的程度是生态系统和当地环境条件的函数[153]。

温度对 PAHs 的生物修复系统具有至关重要的影响。PAHs 的溶解度随温度的升高而增加,从而提高了 PAHs 的生物利用度[154]。此外,微生物的活性随着温度在适当范围内的升高而增加,因为它可以增强微生物的新陈代谢以及酶的活性,从而加速 PAHs 的生物修复过程。例如,堆肥过程中微生物活动的主要指标,即 43 ℃下的累积 O_2 的量显著高于 22 ℃、29 ℃和 36 ℃下的量[155]。除氧外,温度可以直接影响 PAHs 在微生物或颗粒上的吸附和解吸过程。吸附容量和吸附强度将随温度的升高而增加[156,157]。Saul 等[158]对南极斯科特基地周围原始土壤和受碳氢化合物影响的土壤比较发现,放线菌存在于两种土壤,纤维杆菌属/酸杆菌属、CFB 氏菌属、耐球菌属/栖热菌属等细菌几乎全部存在于原始土壤中,而受污染的土壤主要由与变形菌属相关的物种组成,包括假单胞菌属、鞘氨醇单胞菌属和变异菌属,说明观测低温条件下碳氢化合物对土壤微生物群落变化的影响至关重要。

微生物群维持有机碳周转、养分利用和生产力等功能,是通过养分刺激强化微生物关键群的 N、P 代谢等加以实现的[22]。研究发现,N 是低温生物降解原油中的主要限制性营养,Fasani 等[23]发现寡营养环境中真菌和细菌以交叉摄食协同占主导,高施用量 N 肥则以抑制作用为主。土壤中 N、P 同时添加可大大增强 C 的矿化,溶解态磷酸盐总量影响污染物矿化,溶解态磷酸盐的占比影响生物群落组成[24]。外源营养与土壤碳酸盐反应形成次生磷矿物沉淀(如 $CaHPO_4 \cdot 2H_2O$、$MgHPO_4 \cdot 3H_2O$),降低了 P 生物可得性和功能基因丰度,减弱了生物刺激作用[25]。研究未考虑 SOM、DOC、土壤 pH 值、营养元素等环境因子、生物酶、基因型、群落表型和降解性能的关联性。

降解菌和基因之间复杂的相互作用、微生物复杂的代谢网络和特定栖息地的环境变异性间的全面系统研究和认识的缺乏,制约了生物修复 PAHs 等化学污染方法的发展应用。此外,在碳氢化合物污染场地上进行的大多数研究都集中在生物修复效率和微生物群落结构的变化上,很少关注其他生态系统功能的变化[159]。土壤微生物多样性与生态功能之间的关系复杂,涉及生态过程之间的权衡,不应将其简单地概括为积极、中立或消极的关系[160]。利用微生物代谢修复受污染土壤是复杂的过程,不仅存在营养循环和应激反应代谢的相互作用,而且依赖于其栖息地内的微生物多样性[161]。因此,需要量化生物/非生物环境参数对 PS-功能菌修复性能的影响,揭示 PS-功能菌原位修复 PAHs 体系中环境因子、降解性能、微生物多样性与生态功能之间的复杂关系。

过去十年,分析复杂微生物群落及其功能的方法有了许多发展。利用新的蛋白质组学和基因组学工具来建立微生物群落结构和功能之间的关系,有助于对环境污染物的降解、微生物如何对不同的刺激作出反应、降解系统如何在群落水平上发挥作用提供见解[162]。目前,技术的进步允许通过宏基因组学观察整个群落结构并量化微生物种群。微生物多样性的分析有助于识别代谢 PAHs 的细菌并确定其丰度,从而确定土壤样本 PAHs 降解潜力。通过重建高效降解菌系修复 PAHs 污染土壤以及对群落系统发育的研究,测序基因组推断每个 OTU 的基因含量,预测细菌群落中存在的基因和降解潜力。这为我们揭示微生物多样性与生态功能之间的复杂关系提供了可能。

1.4.3 科学问题

综上所述,以下问题变得尤为关键:

(1)基于"中间产物-目标污染物"多基质驯化模式,以氧化后场地受温度、pH 值和盐度等胁迫为出发点,定向筛选功能菌以突破生物修复受恶劣环境条件限制的技术瓶颈。

(2)通过催化材料的制备和 2,6-YD-Fe/C-PMS 体系降解多环芳烃的优化,以实现化学预氧化的调控,从而奠定化学氧化-微生物联合的高效和持续修复的技术支持。

(3)基于 Fe^{2+}/PS 氧化作用机制、关键降解菌及功能、环境因子与关键降解酶基因和代谢途径的复杂作用关系,揭示 Fe^{2+}/PS-*Enterobacter himalayensis* GZ6 修复菲/蒽污染土壤的耦合作用机制。

(4)在复杂环境因素干扰下进行 Fe^{2+}/PS-*Enterobacter himalayensis* GZ6 修复性能验证实验,研究土著微生物与 *Enterobacter himalayensis* GZ6 的竞争与协同,突破修复周期长、效率低的问题。

1.5 研究目标及内容

1.5.1 研究目标

(1)在低温、低 pH 值、高盐度等极端环境中定向筛选 PAHs 降解功能菌,考察其对不同土壤中 PAHs 的降解性能。

(2)探究最佳氧化条件,揭示 2,6-YD-Fe/C-PMS 活化机理,研发多环芳烃的 2,6-YD-Fe/C-PMS-微生物体系的预氧化技术。

(3)探究土壤与 PS 剂量的响应关系,寻求 PS 与功能菌联合修复的最佳接口剂量,研发绿色、高效、可持续联合修复方法。

(4)揭示 PS-*Enterobacter himalayensis* GZ6 降解 PAHs 的耦合作用机制。研究成果为 PAHs 污染场地原位修复提供理论与技术支持。

1.5.2 研究内容

本书首先以石化污染土壤为菌源,定向驯化、筛选降解菲/蒽/石油烃功能菌,考察其在不同环境条件下对菲、蒽的降解性能(3、4 章),为与 PS 联合修复提供基础。其次,使用 Fe^{2+} 活化菲,探究 Fe^{2+} 浓度和 PS 浓度对菲降解率的影响;研究 6-YD-Fe/C-PMS 降解 OPAHs 的活化机理。再次,以 3 环菲/蒽复合污染土壤为研究对象,考察不同土壤与 PS 剂量的响应关系,寻求 PS-*Enterobacter himalayensis* GZ6 的最佳接口剂量(7 章)。然后,探究低温下低剂量 PS-功能菌修复菲/蒽污染土壤耦合作用机制(8 章)。最后,在石油烃污染现场展开应用研究(9 章)。

(1)功能菌的驯化、筛选与鉴定及其在极端条件下的 PAHs 降解性能

以石化污染土壤为菌源,采用"中间产物-目标污染物"多基质驯化模式,以邻苯二酚-菲/蒽为碳源,在 $10\sim12$ ℃下驯化,筛选、分离并鉴定单一功能菌;考察其在不同温度($12\sim35$ ℃)、pH 值($3\sim6$)、盐度($0\sim80$ mmol/L Na$_2$SO$_4$)等极端环境条件下对菲、蒽的降解性能。

(2)*Enterobacter himalayensis* GZ6-土著菌协同修复菲/蒽污染土壤的潜力

接种功能菌 *Enterobacter himalayensis* GZ6,考察 12 ℃下对高 SOM 酸性、中低 SOM 碱性 PAHs 污染土壤的强化修复性能;解析环境因子与微生物群落结构的相互作用关系;通过 PICRUSt2 预测不同类型土壤中 *Enterobacter himalayensis* GZ6 强化土著菌对 PAHs 的代谢潜力,揭示土壤微生物多样性与生态功能之间的复杂关系。

(3)亚铁活化过硫酸盐降解菲的过程与机理

采用 Fe^{2+} 活化过硫酸盐(PS)降解水相中的菲,考察 Fe^{2+} 浓度和 PS 浓度对菲降解率的影响,探究菲的降解动力学,分析菲的矿化程度,并鉴定氧化过程中的活性自由基以及菲的氧化中间产物,推测菲的降解机理,为土壤中菲的降解提供理论基础。

(4)2,6-YD-Fe/C 活化 PMS 氧化降解的过程及机理

通过 2,6-YD-Fe/C 材料的制备和优化表征,探究其催化活化 PMS 的优势。评估 pH 值、PMS 浓度、催化剂添加量和铁离子负载量对 9-芴酮、9,10-蒽醌降解效果的影响,探究最佳氧化条件。采用电子自旋共振(EPR)检测氧化过程中的自由基类型,判断 2,6-YD-Fe/C-PMS 活化机理。

(5)Fe^{2+}/PS-功能菌协同作用的剂量优化

通过鉴定 Fe^{2+}/PS 体系中的自由基,揭示不同土壤中的氧化作用机制;通过探究不同土壤中的菲/蒽氧化修复性能及 PAHs 回弹效应的影响因素,揭示土壤与 PS 剂量的响应关系;在此基础上,接种 *Enterobacter himalayensis* GZ6,寻求 PS-*Enterobacter himalayensis* GZ6 功能菌的最佳接口剂量。

(6)PS-*Enterobacter himalayensis* GZ6 修复菲/蒽污染土壤耦合作用机制

通过考察不同土壤的理化性质、生物酶活性和微生物多样性对 PS-*Enterobacter himalayensis* GZ6 修复的响应,分析低剂量 PS-*Enterobacter himalayensis* GZ6 对土壤微生物的驱动作用,探究土壤木质素通过对氧化剂的

非生产性消耗和为生物提供碳源对联合修复的影响,基于宏基因组学技术和网络分析,构建物种与功能网络、环境因子与关键降解酶基因的相关性网络,揭示低温下低剂量 PS-*Enterobacter himalayensis* GZ6 修复菲/蒽污染土壤耦合作用机制。

（7）PS-*Enterobacter himalayensis* GZ6 修复石油烃污染土壤及调控因子

验证 PS-*Enterobacter himalayensis* GZ6 在现场低温、湿度、氧气等环境因素干扰下的修复性能,考察修复过程中土著菌与 *Enterobacter himalayensis* GZ6 的竞争与协同作用;通过 SOM、DOC、土壤 pH 值、营养元素等环境因子、石油烃组分、生物酶、基因型、群落表型和降解性能的相关性分析,量化非生物环境参数对 PS-*Enterobacter himalayensis* GZ6 修复性能的影响;明确 PS-*Enterobacter himalayensis* GZ6 修复过程中,氧化和生物修复对石油烃不同组分的贡献,建立 PS-*Enterobacter himalayensis* GZ6 原位修复策略。

2 材料与方法

2.1 实验样本来源与性质

2.1.1 实验样品来源与菌源

图 2-1 为 3 种污染土壤拍摄照片,分别记为 XZ、NB 和 GZ。

(a) XZ土壤样本   (b) NB土壤样本   (c) GZ土壤样本

图 2-1 土壤样本

2.1.2 土壤理化性质

阳离子交换量:CEC;有效磷:AP;总磷:TP;总氮:TN;溶解性氮:HN;总碳:TC。XZ 和 NB 为碱性粉(砂)壤土,具有较高的 CEC;GZ 为酸性砂质壤土,CEC 较低。以酸性污染土壤 GZ 为菌源,进行功能菌的驯化与筛选。不同地区污染土壤理化性质、颗粒组成如表 2-1 和表 2-2 所示。

表 2-1 不同地区污染土壤理化性质

编号	CEC /[cmol/kg(+)]	AP /(mg/kg)	TP /(mg/kg)	TN /(mg/kg)	HN /(mg/kg)	pH
XZ	8.8	7.73	675	$1.04 * 10^3$	36.0	8.23
NB	8.2	11.9	678	$6.27 * 10^2$	30.9	8.39
GZ	6.8	5.42	251	$9.47 * 10^2$	58.4	6.28

表 2-2　不同地区污染土壤颗粒组成

编号	砂粒 (2.0~0.05 mm) /(g/kg)	粉粒 (0.05~0.002 mm) /(g/kg)	黏粒 (<0.002 mm) /(g/kg)	土壤质地
XZ	252	658	90	粉(砂)壤土
NB	175	688	137	粉(砂)壤土
GZ	597	313	90	砂质壤土

2.2　催化剂的制备与表征

2.2.1　材料 2,6-YD-Fe/C 的制备

通过液气相还原法制备 2,6-YD-Fe/C 的具体步骤如下：

（1）称取 5.5 g 2,6-二氨基吡啶溶于 200 mL 去离子水中，超声分散 10 min，另称取 1.1 g NaOH 溶解于 200 mL 去离子水中，再称取 18.57 g (NH$_4$)$_2$S$_2$O$_8$ 溶于 100 mL 去离子水中，将以上三者配置的溶液混合倒入 1 L 烧杯中，在 2 ℃ 冰箱中缓慢磁力搅拌反应 12 h，得到黑色悬浊液，使用低温离心机在 2 ℃ 8 000 r/min 转速下离心分离，得到黑色泥状聚合物。然后在 −53 ℃ 条件下真空干燥 10 h，得到棕色块状聚合物，研磨后得到 C/N 前驱体保存待用。

（2）称取 25 mg 乙酰丙酮铁和 25.373 mg 吖啶溶解于 15 mL 甲醇中，超声分散 5 min 后静置 30 min，并定容至 25 mL，得到 1 mg/mL $n_{乙酰丙酮铁}$: $n_{吖啶}$ = 1 : 2 的铁-吖啶-甲醇溶液 A。分别称取 4 份 0.5 g C/N 前驱体和 0.5 g ZnCl$_2$，加入 3 份 25 mL $V_{甲醇}/V_{H_2O}$ = 1 : 1 的混合溶液中并超声分散 15 min，滴加 15 mL A 溶液，超声 10 min 后在 50 ℃ 下磁力搅拌至溶液完全蒸干，得到黑褐色块状固体，研磨后放入管式炉，在氮气保护下进行焙烧，升温程序为：首先从室温升至 600 ℃，保持 2 h 后再升温至 800 ℃，保持 2 h，最终随炉冷却，全程升温速率为 5 ℃/min。得到的黑色固体经研磨、0.1 mol/L HCl 多次清洗以及去离子水多次清洗后于 105 ℃ 干燥过夜，研磨后备用。

（3）对 2,6-YD-Fe/C 负载不同乙酰丙酮铁含量 0.5%、1%、3%、5% 和 10%，进行材料的优化。

2.2.2　碳材料 2,6-YD-Fe/C 的表征

（1）表观形貌和元素分析

利用扫描电子显微镜（SEM）和能谱仪（EDS）对材料进行表征。通过 SEM

对催化剂 2,6-YD-Fe(3%)的表面形态进行成像。将预处理后的样品冷冻干燥,用导电胶带固定在铝柱上,喷金,并在扫描电子显微镜下对所制备的材料进行 SEM-EDS 分析。

(2)表面官能团分析

采用美国赛默飞世尔科技公司的 NICOLET iS5 型红外光谱仪,对不同条件下制备的催化剂材料进行分析。将约 5 mg 磨细的催化剂材料与 1 000 mg 红外专用 KBr 混合,在高压下制备 KBr 颗粒。然后用分光光度计在 4 000~500 cm^{-1} 范围内连续扫描 32 次分析样品颗粒。

(3)材料的物相分析

利用 X 射线衍射仪(XRD)对材料的晶体结构及晶化度进行分析。本实验研究选用 D8 ADVANCE 型的德国布鲁克(Bruker)有限公司制造的 XRD 对 2,6-YD-Fe(3%)材料进行表征分析,XRD 能够对材料晶体的原子结构、分子结构、粒度等进行表征。测定参数为:扫描范围(2θ)3°~90°,扫描速度为 2°/min,阳极靶材料为 Cu 靶,K_α 辐射。将材料研磨后过 325 网目筛后送样,将样品涂满载玻片制样后测试。

(4)材料的元素组成及价态分布

采用美国赛默飞世尔科技公司制造的 ESCALAB 250Xi 型的 X 射线光电子能谱仪对材料的元素组成和价态分布进行定性定量分析,用单色化铝阳极靶,束斑尺寸 900 μm 来确定材料的元素及化学态。目的主要是对催化剂 2,6-YD-Fe(3%)表面元素价态进行定性和定量分析,扫描出来的 C1s 峰为 284.84 eV,根据标准 C1s 峰的结合能(284.8 eV)进行校正,此处校正值为 0.04 eV,而后将所有要分析的高分辨图谱如 C1s、Fe2p 等数据的结合能全部减去 0.04 即校正完成。

2.3　测试方法

2.3.1　土壤理化及生物性质的测试方法

(1)土壤理化性质的测试方法

① CEC:《GB/T 50123—2019》;AP:《HJ 704—2014》;TP:《HJ 632—2011》;TN:《HJ 717—2014》;HN:《LY/T 1228—2015》;TC:《岩石矿物分析》(《岩石矿物分析》编委会,地质出版社 2011 年版);土壤颗粒组成:《LY/T 1225—1999》。

② SOM:将坩埚置于烘箱中于 105 ℃烘干 8 h,将其质量记为 $W_{坩埚}$,称 5 g

土壤($W_\pm$)于烘干后的坩埚中,放入烘箱于 105 ℃烘干 24 h,称重,记为 W_{105},然后置于马弗炉 450 ℃ 8 h 后称重,记为 W_{450},则 SOM$= (W_{105} - W_{450})/(W_{105} - W_{坩埚}) \times 100\%$。

③ 土壤 pH 值:使用全自动电位滴定仪测量土壤 pH 值,见标准《GB/T 50123—2019》。土壤上清液 pH 值、氧化还原电位(ORP)、电导率(EC)的测定分别用 pH 电极、ORP 电极、EC 电极校准后对上清液进行检测[109]。

④ DOC 与三维荧光光谱:使用 TOC/TN 分析仪(Multi N/C 3100)测定 DOC,通过荧光激发-发射矩阵(F-EEM)光谱分析确定 DOC 各种成分[163]。

⑤ Zeta 电位:使用 Zetasizer Nano 系列粒度电位仪(马尔文仪器公司)测试土壤 Zeta 电位[163]。

⑥ 木质素含量:使用木质素含量检测试剂盒(上海原鑫生物科技有限公司)进行测定。

(2)土壤生物性质的测试方法

① 脱氢酶:采用 TTC 比色法测定土壤脱氢酶活性[164]。

② 荧光素二乙酸酯水解酶(FDA 水解酶)、木质素过氧化物酶、脲酶、多酚氧化酶、过氧化物酶、碱性磷酸酶、漆酶:使用由上海原鑫生物科技有限公司提供的酶活性检测试剂盒测定。

③ 细胞表面疏水性(CSH):利用微生物对碳氢化合物的黏附性来测定菌株的 CSH。将 $OD_{600} = 1$ 的菌液 5 mL 接种至 100 mL 灭菌后的 LB 培养基,35 ℃培养 8 h,80 00 r/min 离心分离菌体。将收获的细胞洗涤两次,重新悬浮在 5 mL 灭菌的无机盐培养基中,测量菌液在 600 nm 处的吸光度。将菌液与 200 μL 正十六烷混合,涡旋混合 2 min,在 25 ℃下沉淀 30 min,在 600 nm 处测水相吸光度。通过式(2-1)计算 CSH:

$$CSH(\%) = (A_1 - A_2)/A_1 \times 100 \tag{2-1}$$

式中,A_1 是混合前的吸光度;A_2 是混合后的吸光度。

2.3.2 反应过程化学物质

(1)PS、Fe^{2+} 浓度测定、自由基的鉴定及含量测定

① PS 浓度的测定

采用 Liang 等[165]改进的分光光度法进行测定。具体操作如下:从棕色玻璃瓶中取 100 μL 待测液于 50 mL 比色管中,后加入混合液(0.4 g NaHCO$_3$、8 g KI/100 mL)至 25 mL 刻度线处,振荡反应 15 min,之后于 352 nm 处测定其吸光度值,最后通过标准曲线求出待测样品中的 PS 浓度。其中混合液中 NaHCO$_3$ 的作用是防止 I$^-$ 转化为 I$_2$,影响 PS 测量的准确度。

② Fe²⁺浓度的测定

采用邻菲罗啉分光光度法进行测定。具体操作如下:从棕色玻璃瓶中取 100 μL 待测液于 25 mL 比色管中,再依次加入 0.8 mL 乙酸-乙酸钠缓冲溶液、0.8 mL 邻菲罗啉溶液,用去离子水稀释至 10 mL,摇匀,反应 10 min 后于 512 nm 处测定其吸光度值,再根据标准曲线求出待测样品中的 Fe²⁺浓度。

③ 自由基的鉴定及含量测定

40 mmol/L PS 溶液的配制:称取 0.9524 g PS($Na_2S_2O_8$,相对分子质量为 238.104),溶解于去离子水中,定容到 100 mL。40 mmol/L FeSO₄溶液的配制:称取 0.6076 g 硫酸亚铁($FeSO_4$,相对分子质量为 151.91),溶解于去离子水中,定容到 100 mL。称 10 g 土,加入带有 PTFE 内衬瓶盖的样品瓶中,加入 10 mL 40 mmol/L PS 溶液,搅拌 1 min 均匀。加入 10 mL 40 mmol/L FeSO₄溶液,黑暗测 0 min 自由基含量,继续振荡 30 min,测自由基含量。

(2)污染物浓度测定及其中间产物鉴定

① PAHs 剩余浓度的测定

将土壤样品冷冻干燥后,称量 1 g 于 50 mL 玻璃瓶中,向反应瓶中加入 10 mL 正己烷后超声 30 min,重复上述操作 2 次,静置分层后,使上层有机相经 0.22 μm 有机滤膜过滤后进入 2 mL 进样瓶中,使用配有 C18 柱(Brownlee C18,5 μm,150×4.6,PerkinElmer)和 UV/Vis 检测器(PerkinElmer)的高效液相色谱仪(HPLC,Flexar LC,PerkinElmer,Singapore)在 254 nm 下测定混合溶液中的残留菲和蒽[166]。流动相为甲醇:水=80:20,流速为 1 mL/min,柱温为 30 ℃,进样量为 50 μL。菲回收率为(93.02±0.58)%,蒽回收率为(86.27±0.83)%。

② PAHs 中间产物的鉴定

使用气相色谱质谱联用仪,配置 FID 检测器,色谱条件 HP-5MS 毛细管色谱柱(30 m×0.25 mm×0.25 μm)。初始值 70 ℃,停留 2 min,以 10 ℃/min 速率升温到 150 ℃,保持 2 min,然后以 10 ℃/min 速率上升到 170 ℃,保持 0 min,最后以 15 ℃/min 速率上升到 290 ℃,保持 6 min,测试时间为 28 min。将氢气用作载气(流速为 1 mL/min),进样量为 1 μl。MS 以电子撞击(EI)电离模式运行,电子能量为 70 eV,离子源温度为 230 ℃。数据以全扫描(m/z 30-500)模式获取[167,168]。

③ 石油浓度及馏分的测定

使用红外测油仪,通过红外分光光度法对样品石油烃浓度进行检测(HJ 1051—2019)[169]。

TPH 降解率(%)的计算公式为:
$$\text{TPH 降解率} = [(C_0 - C_t)/C_0] \times 100\%$$
式中,C_0 表示初始土壤 TPH 含量,mg/kg;C_t 为 t 时间时土壤中的残留 TPH 含量,mg/kg;t 表示修复时间,d。

鉴于现场样品日常检测数量较多,故省略样品实验室检测过程中过净化柱的步骤,其检测值包含动物油和植物油,远高于实际 TPH 浓度。将采集土壤样品冷冻干燥 4~6 h,过 30 网目筛,取土壤 1.00 g,加入 10 mL 正己烷:丙酮 = 1:1 混合萃取溶液,涡旋振荡 1 min,超声 30 min,然后以 2 500 r/min 转速离心 5 min,过 0.45 μm 滤膜后放到进样瓶中,使用气相色谱质谱联用仪(HP-5,PerkinElmer)分析石油组分(HJ 1021—2019)。

④ 石油烃中间产物的鉴定

使用气相色谱质谱联用仪进行测试。使用 elite-5ms 柱子,通氦气,气压为 80 kPa,流速为 1 mL/min,离子源(EI)温度为 270 ℃,传输线温度为 250 ℃,进样体积为 1 μL;升温程序采用初始温度 50 ℃,保持 3 min 后,以 5 ℃/min 速率升温至 300 ℃,极性扫描质量范围为 45~800。

2.3.3 微生物多样性(QIIME2 流程)及宏基因组

(1) 微生物多样性(QIIME2 流程)

① DNA 抽提和 PCR 扩增

根据 FastDNA © SPIN Kit 说明书进行微生物群落总 DNA 抽提,使用 1% 的琼脂糖凝胶电泳检测 DNA 的提取质量,使用 NanoDrop2000 测定 DNA 浓度和纯度;使用 338F (5'-ACTCCTACGGGAGGCA GCAG-3')和 806R(5'-GGACTACHVGGGTWTCTAAT-3')对 16S rRNA 基因 V3~V4 可变区进行 PCR 扩增[170],扩增程序如下:95 ℃变性 3 min,27 个循环(95 ℃变性 30 s,55 ℃退火 30 s,72 ℃延伸 45 s),然后 72 ℃稳定延伸 10 min,最后在 10 ℃进行保存(PCR 仪:ABI GeneAmp © 9700 型)。PCR 反应体系为:5 × TransStart FastPfu 缓冲液 4 μL,dNTPs(2.5 mmol/L) 2 μL,上游引物(5 mmol/L) 0.8 μL,下游引物(5 mmol/L)0.8 μL,TransStart FastPfu DNA 聚合酶 0.4 μL,模板 DNA 10 ng,补足至 20 μL。每个样本 3 个重复。

② Illumina Miseq 测序

将同一样本的 PCR 产物混合后使用 2% 琼脂糖凝胶回收 PCR 产物,利用 AxyPrep DNA Gel Extraction Kit 进行回收产物纯化,2% 琼脂糖凝胶电泳检测,并用 Quantus™ Fluorometer 对回收产物进行检测定量。使用 NEXTFLEX ® Rapid DNA-Seq Kit 进行建库:(a)接头链接;(b)使用磁珠筛选去除接头自连片段；(c) 利用 PCR 扩增进行文库模板的富集；(d) 磁珠回收 PCR 产物得到最终的文库。利用 Illumina 公司的 Miseq PE300 平台进行测序。

③ 数据处理

使用 fastp 软件[171]原始测序序列进行质控，使用 FLASH 软件[172]进行拼接。

基于默认参数，使用 Qiime2 流程[173]中的 DADA2[174]插件对质控拼接之后的优化序列进行降噪处理。通过上海美吉生物医药科技有限公司的多样性云分析平台（Qiime2 流程）进行后续的数据分析。

（2）宏基因组

① DNA 提取

利用 FastDNA® SPIN Kit 试剂盒进行样品 DNA 抽提。完成基因组 DNA 抽提后，利用 TBS-380 检测 DNA 浓度，利用 NanoDrop200 检测 DNA 纯度，利用 1％琼脂糖凝胶电泳检测 DNA 完整性。通过 Covaris M220 将 DNA 片段化，筛选约 400 bp 的片段，用于构建 PE 文库。

② 构建 PE 文库

使用 NEXTflex™ Rapid DNA-Seq 建库。

③ 数据质控

（a）使用 fastp[171]对 reads 3'端和 5'端的 adapter 序列进行质量剪切；

（b）使用 fastp[171]去除剪切后长度小于 50 bp、平均碱基质量值低于 20 以及含 N 碱基的 reads，保留高质量的 pair-end reads 和 single-end reads；

④ 基因预测

使用 MetaGene[175]对拼接结果中的 contigs 进行 ORF 预测。选择核酸长度大于等于 100 bp 的基因，并将其翻译为氨基酸序列。

使用 SOAPaligner[176]软件，分别将每个样品的高质量 reads 与非冗余基因集进行比对（95％ identity），统计基因在对应样品中的丰度信息。

⑤ 物种与功能注释

（a）物种分类学注释

使用 Diamond[177]将非冗余基因集的氨基酸序列与 NR 数据库进行比对（BLASTP 比对参数设置期望值 e-value 为 $1×10^{-5}$），并通过 NR 库对应的分类学信息数据库获得物种注释，然后使用物种对应的基因丰度总和计算该物种的丰度。

（b）KEGG 功能注释

使用 Diamond[177]将非冗余基因集的氨基酸序列与 KEGG 数据库（version 94.2）进行比对（BLASTP 比对参数设置期望值 e-value 为 $1×10^{-5}$），获得基因对应的 KEGG 功能。使用 KO、Pathway、EC、Module 对应的基因丰度总和计算对应功能类别的丰度。

2.4 实验设计

2.4.1 功能菌的驯化、筛选、鉴定及其 PAHs 修复性能实验

LB 培养基：2.0 g NaCl，5.0 g 酵母提取物和 10.0 g 蛋白胨。无机盐培养基：2.0 g/L NH_4Cl，2.5 g/L KH_2PO_4，0.5 g/L K_2HPO_4，1.0 g/L $MgSO_4 \cdot 7H_2O$，120 mg/L $FeCl_3$，50 mg/L H_3BO_3，10 mg/L $CuSO_4 \cdot 5H_2O$，10 mg/L KI，45 mg/L $MnSO_4 \cdot H_2O$，20 mg/L $NaMoO_4 \cdot 2H_2O$，75 mg/L $ZnCl_2 \cdot 4H_2O$，50 mg/L $CoCl_2 \cdot 6H_2O$，20 mg/L $AlK(SO_4)_2 \cdot 12H_2O$，13.25 mg/L $CaCl_2 \cdot 2H_2O$，10 mg/L NaCl。固体无机盐培养基：在无机盐中加入 2% 琼脂。

（1）不同温度、pH 值、盐度条件下功能菌对菲/蒽的降解性能

准备 50 mL 玻璃瓶若干，配置无机盐培养基，并高压灭菌。添加一定量菲、蒽的混合丙酮溶液，置于超净台中等待丙酮挥发。添加 9 mL 无机盐培养基和 OD600＝1 的 1 mL 菌液（接种量为 10%），对照组加入 10 mL 无机盐培养基。① 添加 0.1 mL 1 g/L 菲、蒽的混合丙酮溶液，调节无机盐培养基 pH 值为 3、4、5、6，添加后放入 35 ℃ 摇床进行培养；② 添加 0.1 mL 5 g/L 菲、蒽的混合丙酮溶液，调节无机盐培养基 pH＝7，放入 12 ℃、28 ℃、35 ℃ 摇床进行培养；③ 添加 0.1 mL 5 g/L 菲、蒽的混合丙酮溶液，调节无机盐培养基 pH＝7，添加 20 mmol/L、50 mmol/L、80 mmol/L Na_2SO_4，放入 35 ℃ 摇床进行培养。于第 1、3、5、7、9 d 进行破坏性取样。

（2）12 ℃ 灭菌土壤中功能菌对菲的降解

灭菌后 XZ、NB、GZ 土壤为处理对象，菲和蒽污染浓度为 200 mg/kg，将土壤置于密封袋中常温遮光老化 14 d。在灭菌后的 50 mL 玻璃瓶中添加 1 g 灭菌土壤，接种 OD600＝1 的菌液 10%，于第 1、2、3、4、5 周进行破坏性取样。

2.4.2 PS-*Enterobacter himalayensis* GZ6 修复菲/蒽污染土壤实验

菌液的富集：将功能菌 *Enterobacter himalayensis* 接种至灭菌后的 LB 培养基，置于 25 ℃ 恒温振荡器（120 r/min），富集至 $OD_{600}＝1$。LB 培养基：2.0 g NaCl，5.0 g 酵母提取物和 10.0 g 蛋白胨。

以高 SOM 酸性（GZ）、中低 SOM/碱性（XZ，NB）土壤为处理对象，菲和蒽污染浓度为 200 mg/kg。将土壤置于密封袋中常温遮光老化 14 d。

（1）*Enterobacter himalayensis* GZ6-土著菌修复菲/蒽污染土壤实验

称 300 g 土壤于 1 L 聚乙烯带盖圆桶,为了保证微生物氧气充足,在圆桶的盖子上扎一圆孔(直径约 5 mm)。湿度为 25％,接种率为 10％。搅拌均匀后遮光置于恒温振荡器(120 r/min,12 ℃)反应 7 周后取样,以未接种功能菌组为对照组(ck)。将修复前后土壤置于无菌离心管中,－80 ℃保存,以备后续检测。B1_0、B1_7 分别为 XZ 原始污染土样和修复 7 周后 XZ 污染土样;B2_0、B2_7 分别为 GZ 原始污染土样和修复 7 周后 GZ 污染土样;B3_0、B3_7 分别为 NB 原始污染土样和修复 7 周后 NB 污染土样。

（2）响应面法设置最佳氧化条件

称 1 g 未灭菌的 XZ 土壤放入 50 mL 带盖玻璃瓶中,水土比为 2：1,PS 浓度设置为 0.96％～4.76％,Fe^{2+}/PS 设置为 1：1～2.5：1,体系上清液初始 pH 值设置为 5～8。每种处理设置两组重复,一组用于测 PS 和 Fe^{2+} 剩余浓度和体系 pH 值,一组用于检测菲的降解率,分别于第 0,2,4,6,8,10 d 进行破坏性采样。响应面法 PS 氧化实验设计如表 2-3 所示。

表 2-3 响应面法 PS 氧化实验设计

序号	PS 浓度/％	Fe^{2+}/PS	初始 pH 值
1	4.76	1	6
2	2.86	1.75	6
3	2.86	1	4
4	4.76	1.75	8
5	0.95	1.75	4
6	4.76	2.5	6
7	2.86	1.75	6
8	2.86	2.5	4
9	0.95	1	6
10	4.76	1.75	4
11	2.86	1.75	6
12	2.86	1.75	6
13	2.86	1	8
14	2.86	2.5	8
15	0.95	1.75	8
16	2.86	1.75	6
17	0.95	2.5	6

（3）PS 氧化不同土壤中的菲、蒽实验

以 XZ、GZ 和 NB 灭菌土壤为处理对象，菲污染浓度为 200 mg/kg，其中，NB 灭菌土壤中再添加 200 mg/kg 蒽。将土壤置于密封袋中常温遮光老化 14 d。称 1 g 土壤于 50 mL 带盖玻璃瓶中，水土比为 2∶1，PS 浓度设置为 20 mmol/L(0.95%)，Fe^{2+}/PS 设置为 1∶1。分别于第 0,30 min 取样鉴定自由基的含量及种类；于第 0、1、2、3、4、5 d 进行破坏性采样测试土壤中菲、蒽的剩余浓度、PS 的剩余浓度、Fe^{2+} 和 pH 值的变化；于第 1 d 提取并鉴定土壤中间产物。

（4）PS-*Enterobacter himalayensis* GZ6 剂量优化实验

以高 SOM/酸性(GZ)，中、低 SOM/碱性(XZ,NB)土壤为处理对象，菲和蒽污染浓度分别为 200 mg/kg。将土壤置于密封袋中常温遮光老化 14 d。称 300 g 土壤于 1 L 聚乙烯带盖圆桶中，为了保证微生物氧气充足，在圆桶的盖子上扎一圆孔（直径约 5 mm）。考虑到场地修复的实际环境条件，且由于 Fe^{2+} 极易被氧化为 Fe^{3+}，将水土比调整为 1∶1，进行放大实验。① 添加 0.24%、0.48%、0.72%PS 氧化 1 d 后接种 *Enterobacter himalayensis* GZ6(10%)于高 SOM 酸性(GZ)土壤中，搅拌均匀后遮光置于恒温振荡器(120 r/min,室温)反应，以未接种功能菌组为对照组，分别于第 0、1、6、9、14、40 d 取样。② 添加 0.24%PS 氧化 1 d 后接种 *Enterobacter himalayensis* GZ6(10%)于中低 SOM/碱性(XZ,NB)土壤中，搅拌均匀后遮光置于恒温振荡器(120 r/min,室温)反应，以未接种功能菌组为对照组，分别于第 0、1、6、9、14 d 取样。③ 添加 0.24%PS 氧化 1 d 接种 *Enterobacter himalayensis* GZ6(10%)，搅拌均匀后遮光置于恒温振荡器 (120 r/min,12 ℃)7 周后取样。C1 和 C3 分别代表 XZ 和 NB 土壤对照组；C1_1d、C3_1d、C1_7w、C3_7w、C1B_7w 和 C3B_7w 分别代表 XZ 和 NB 土壤氧化处理 1 d，7 周和联合处理 7 周的样本。

2.4.3　PS-*Enterobacter himalayensis* GZ6 修复现场石油烃污染土壤

实验研究场地为某石化管道运输公司厂区内空地，土壤为粉（砂）壤土。原位开挖三个凹槽(1 m×5.5 m×0.35 m)，用砖混结构搭建了实验池基座，实验池都进行了防渗漏处理。设计纯微生物修复与化学-微生物修复石油烃污染土壤实验，TPH 浓度为(16 622.87±23.06) mg/kg。具体为接种功能菌、化学氧化＋功能菌、化学氧化＋土著菌处理，分别记为 B4、OB6 和 OB10，以原始污染土壤为空白对照组，记为 OR，具体见图 2-2。分别于第 0、8、15、20、57、88、103 d 进行采样。修复期间不定期翻耕浇水，使土壤湿度保持为 15%～25%，实验设置具体见表 2-4。

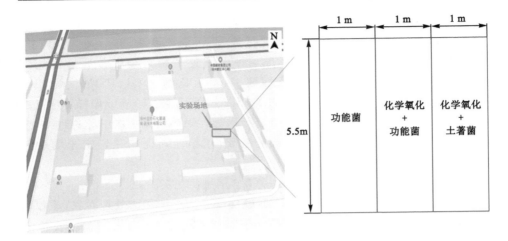

图 2-2   实验场地位置及实验池编号

表 2-4   实验设置

时间安排	B4	OB6	OB10
第 0 d	2％石油烃污染土壤的老化		
第 8 d	5％功能菌	0.876％ FeSO$_4$·7H$_2$O、0.071％铁粉、1.5％PS	0.876％ FeSO$_4$·7H$_2$O、0.071％铁粉、1.5％PS
第 10 d		5％功能菌	10％未污染土壤

2.5   数据分析

所有实验一式三份进行,指标值计算为平均值±标准偏差(SD),其在误差条中表示,以显示相同实验中的变化。使用 Origin 2021 软件程序进行统计分析。因素的显著性使用 SPSS(Version 22)进行 ANOVA 评估,$p < 0.05$。其中,酶(FDA 水解酶、木质素过氧化物酶、脲酶、多酚氧化酶、过氧化物酶、碱性磷酸酶、漆酶)活性与木质素含量显示为混合均匀的土壤样本平均值。

3 功能菌的驯化、筛选、鉴定及其 PAHs 修复性能

　　微生物代谢 PAHs 过程中会产生中间体,如邻苯二酚、水杨酸和邻苯二甲酸。微生物能降解 PAHs,并不意味着具有降解 PAHs 中间产物的能力,而中间产物的积累会抑制生物降解过程。PAHs 的开环是生物降解过程中最难的环节,也是限制污染物矿化作用的关键因素。由此产生的中间代谢产物可以诱导微生物产生邻苯二酚 1,2-双加氧酶、邻苯二酚 2,3-双加氢酶等,可被当作生长初期的主要营养物质,加速其生长,减少微生物对以污染物为碳源的适应时间。本章以石化污染土壤(GZ)为菌源,采用"中间产物-目标污染物"多基质驯化模式,以邻苯二酚-菲/蒽为碳源,在 10~12 ℃下驯化、分离和筛选功能菌,以期及时去除中间产物,从而高效降解目标污染物。

3.1 功能菌的驯化、筛选、鉴定

3.1.1 功能菌的驯化与筛选

　　取 1 g 石化污染土壤于 50 mL 锥形瓶中,添加灭菌后的去离子水 10 mL 振荡 30 min,离心后上清液即为初始混合菌液。将其转移于 100 mL 灭菌后的 LB 培养基中,置于 10 ℃培养 2 d 后离心,用灭菌后的无机盐培养基重悬,调节 $OD_{600}=1$。添加邻苯二酚、菲、蒽的丙酮溶液于锥形瓶,置于超净台中待丙酮挥发,添加无机盐培养基并接种 10% 菌液,驯化方案如表 3-1 所示。

表 3-1　功能菌的驯化方案

驯化周期/d	碳源/(mg/L)		
	邻苯二酚	菲	蒽
5	200		
7	200	50	
10	200	50	50

表 3-1(续)

驯化周期/d	碳源/(mg/L)		
	邻苯二酚	菲	蒽
15		50	50
20		100	100
30		200	200

将驯化后的混合菌群接种到灭菌后的 LB 培养基中,在 10～12 ℃培养 2 d,在灭菌后以菲、蒽为碳源的固体无机盐培养基上进行划线分离 3 次以上,直至菌落单一,送去生工生物工程(上海)股份有限公司进行菌种鉴定。将两种单一菌接种至灭菌后的 LB 培养基中,置于 25 ℃恒温振荡器(120 r/min),富集至 $OD_{600}=1$ 后与灭菌后的甘油混合置于无菌离心管中(体积比 1∶3),−80 ℃保存,以备使用。

3.1.2 功能菌的鉴定及生长曲线

经过 10～12 ℃低温定向驯化、筛选和分离出两株耐低温 PAHs 降解菌,系统发育树见图 3-1,经鉴定,一株为 *Enterobacter himalayensis* GZ6(CGMCC NO.:26385);另一株为 *Pseudomonas aeruginosa* GZ7(CGMCC NO.:26386)。两株菌保藏于中国普通微生物菌种保藏管理中心,相关基因序列已经提交到 NCBI 数据库。

不同温度下两株功能菌的生长曲线如图 3-2 所示,经鉴定两株功能菌均为革兰氏阴性菌。

功能菌的对数期与细胞表面疏水性见表 3-2。与 *Pseudomonas aeruginosa* GZ7 相比,*Enterobacter himalayensis* GZ6 具有较高的 CSH,推测其具有产表面活性剂潜力。

表 3-2 不同温度下功能菌的对数期与细胞表面疏水性

菌种	对数期			CSH /%
	12 ℃	28 ℃	35 ℃	
GZ6	8～10 h	2～4 h	2～8 h	30.3(2.5)
GZ7	7～10 h	2～4 h	2～8 h	13.2(2.4)

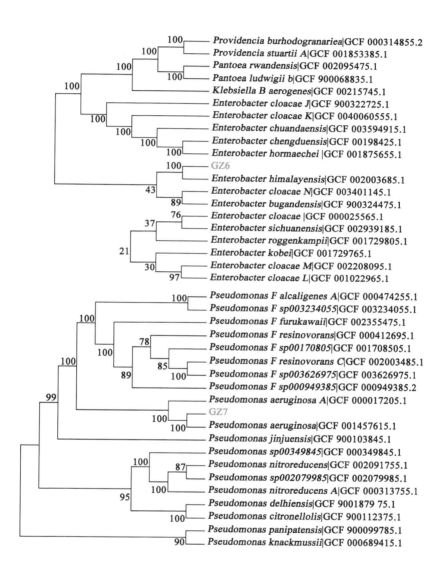

图 3-1 功能菌的系统发育树

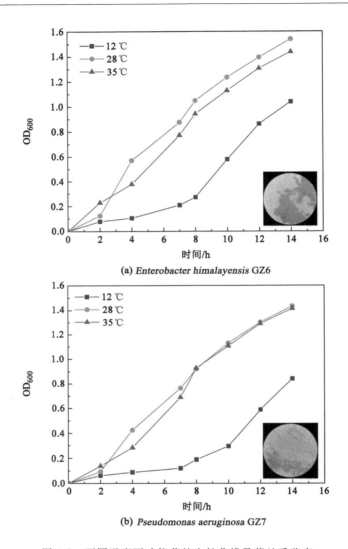

图 3-2　不同温度下功能菌的生长曲线及革兰氏鉴定

3.2　不同温度下功能菌对菲/蒽的降解

　　将 *Enterobacter himalayensis* GZ6 和 *Pseudomonas aeruginosa* GZ7 按照体积比 1∶1 混合,构建混合降解菌系,命名为 GZ 混。如图 3-3 所示,反应 3 d 后,*Enterobacter himalayensis* GZ6 在 12 ℃时,菲的浓度降低了 11.30 mg/L,

降解率达 20%,在 28 ℃、35 ℃时,菲的浓度分别降低了 20.10 mg/L 和 17.35 mg/L,降解率达到 36% 和 31%。*Pseudomonas aeruginosa* GZ7 在 12 ℃ 时,菲的浓度降低了 9.16 mg/L,降解率达到 16%,在 28 ℃、35 ℃时,菲的浓度分别降低了 9.54 mg/L 和 16.27 mg/L,降解率达到 17% 和 29%。GZ 混在 12 ℃时,菲的浓度降低了 15.45 mg/L,降解率达到 28%,在 28 ℃、35 ℃时,菲的浓度分别降低了 19.38 mg/L 和 14.05 mg/L,降解率达到 35% 和 25%。

Enterobacter himalayensis GZ6 在 12 ℃时,蒽的浓度降低了 4.99 mg/L,降解率达到 20%,在 28 ℃、35℃时,蒽的浓度分别降低了 4.98 mg/L 和 5.55 mg/L,降解率达到 20% 和 22%。*Pseudomonas aeruginosa* GZ7 在 12 ℃ 时,蒽的浓度降低了 5.12 mg/L,降解率达到 20%,在 28 ℃、35 ℃时,蒽的浓度分别降低了 5.02 mg/L 和 11.81 mg/L,降解率达到 20% 和 46%。GZ 混在 12 ℃时,蒽的浓度降低了 6.15 mg/L,降解率达到 24%,在 28 ℃、35 ℃时,蒽的浓度分别降低了 7.47 mg/L 和 5.82 mg/L,降解率达到 29% 和 23%。

在 12 ℃ 条件下,功能菌对菲和蒽的降解率为 16%~20%。在 28 ℃ 和 35 ℃条件下,反应 9 d 后,*Enterobacter himalayensis* GZ6、*Pseudomonas aeruginosa* GZ7 与 GZ 混对菲和蒽的降解率均有提升。在 28 ℃ 和 35 ℃ 条件下,*Enterobacter himalayensis* GZ6 对菲的降解率均可达到 100%,此时,对蒽的降解率均为 77%;*Pseudomonas aeruginosa* GZ7 对菲的降解率分别为 34% 和 71%,对蒽的降解率分别为 41% 和 58%;GZ 混对菲的降解率为 25%、62% 和蒽的降解率为 21%、41%。

本研究筛选出的 *Enterobacter himalayensis* GZ6 为肠杆菌属,*Pseudomonas aeruginosa* GZ7 为假单胞菌属,均属于革兰氏阴性菌,均可在低温下进行 PAHs 降解。常见的耐低温烃类降解菌包括红球菌属、假单胞菌属、嗜麦芽单胞菌和鞘氨醇杆菌属,在 10 ℃下孵育 30 d 后,混合菌群显示出受污染的水(1 g/L 油)的 TPH 降解率为 53.68%[178]。从受污染的地下水和土壤中分离出两种适应低温的假单胞菌菌株,能在 15 ℃、48 h 内完全降解对二甲苯,减少了寒冷气候地区的生物修复持续时间[179]。研究发现受污染土壤中污染水平与革兰氏阴性(普提达假单胞菌和不动杆菌)基因型数量间的显著正相关高于革兰氏阳性基因型(红球菌和分枝杆菌)[97]。在 3 种温度下,与 *Enterobacter himalayensis* GZ6 和 *Pseudomonas aeruginosa* GZ7 降解率之和相比,本研究两种菌混合后对 PAHs 的降解率较低,可能是因为 *Enterobacter himalayensis* GZ6 与 *Pseudomonas aeruginosa* GZ7 存在竞争作用。

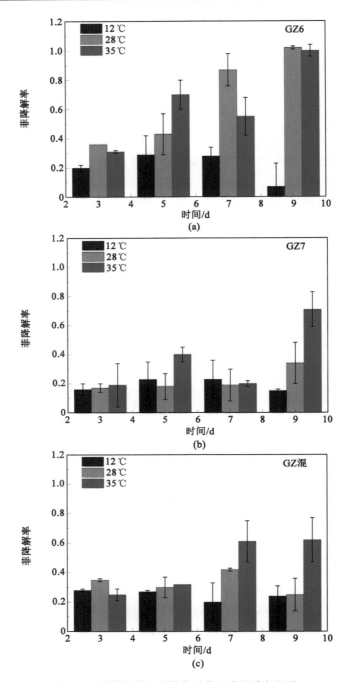

图 3-3　不同温度下功能菌对菲和蒽的降解性能

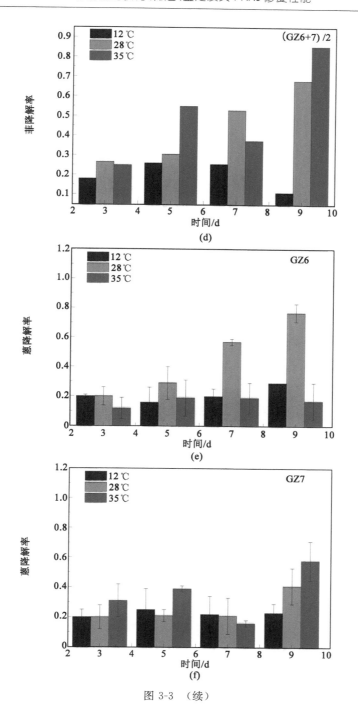

图 3-3 （续）

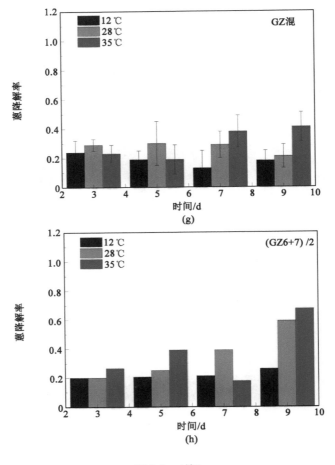

图 3-3 （续）

3.3 酸性环境胁迫下功能菌对菲的降解

如图 3-4(a)所示，pH＝3～6 时，0～9 d 呈现出相似的趋势，降解率在 0～5 d 升高，此时降解率分别为 72％,68％,76％,62％,9 d 降解率分别达到 88％,88％,89％,100％。如图 3-4（b）所示，pH＝3～6 时，0～9 d 呈现出与 *Enterobacter himalayensis* GZ6 相似的趋势，9 d 后降解率分别达 63％,95％,79％,91％。

结果表明，在 pH＝3～6 范围内，*Enterobacter himalayensis* GZ6 和

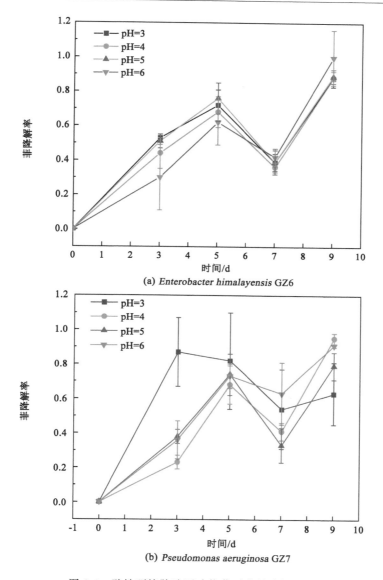

(a) *Enterobacter himalayensis GZ6*

(b) *Pseudomonas aeruginosa GZ7*

图 3-4 酸性环境胁迫下功能菌对菲的降解性能

Pseudomonas aeruginosa GZ7 均有良好的降解性能,说明在该 pH 值条件下,细菌活性未受到明显抑制,证明 *Enterobacter himalayensis* GZ6 和 *Pseudomonas aeruginosa* GZ7 均为耐酸菌,且除 pH＝4 外,*Enterobacter himalayensis* GZ6 对菲的降解率均高于 *Pseudomonas aeruginosa* GZ7。此外,pH 值越靠近中性,

Enterobacter himalayensis GZ6 对菲降解率越高,pH=6 时,菲的降解率为 100%,而 *Pseudomonas aeruginosa* GZ7 在 pH=4~6 时菲降解率最高,为 91%~95%。

目前大多数研究集中在实验室的可控条件范围,包括 pH=7、添加营养物质等,缺乏污染场地中复杂环境因子如 pH 值由酸性到中性的不等对已开发功能菌的影响信息。Chen[180]将 Dietzia sp. CN-3 和 Acinetobacter sp. HC8-3S 混合在一起,在 30 ℃、pH=4、10 d 后 TPH 的降解率达到 50% 以上。Kuppusamy[181]构建了一种用于酸性土壤修复的混合菌群,在 25 ℃、pH=5、60 d 后 LMW 的降解率达 95%。本课题组前期开发出一种混合菌群 MBC,以假单胞菌和伯克霍尔德菌为主,在 30 ℃、pH=5~8、9 d 后菲的降解率达到 90% 以上[182]。本研究筛选出的 *Pseudomonas aeruginosa* GZ7 在 12 ℃、pH=4、9 d 后菲的降解率达 95%,而 *Enterobacter himalayensis* GZ6 在 12 ℃、pH=3、9 d 后菲的降解率达 88%。

3.4　不同盐度添加下功能菌对菲的降解

如图 3-5 所示,在体系中添加 20、50、80 mmol/L Na₂SO₄ 时,与对照组相比,*Enterobacter himalayensis* GZ6 对菲的降解率均升高,*Pseudomonas aeruginosa* GZ7 则正好相反。当 Na₂SO₄ 添加量为 20 mmol/L 时,*Enterobacter himalayensis* GZ6 的 OD600 最高,菲的降解率达到 62%,说明添加 20~80 mmol/L Na₂SO₄ 能促进 *Enterobacter himalayensis* GZ6 的生长与降解性能。

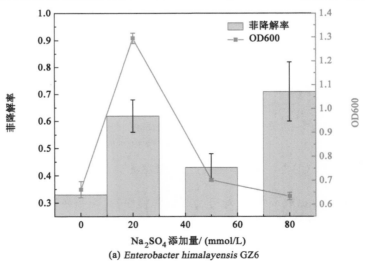

(a) *Enterobacter himalayensis* GZ6

图 3-5　盐度胁迫下功能菌对菲的降解性能

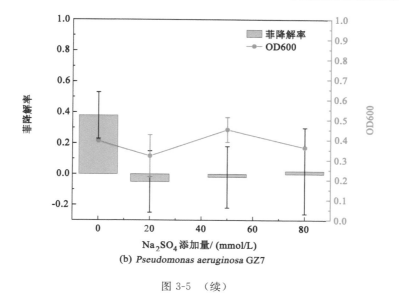

(b) *Pseudomonas aeruginosa* GZ7

图 3-5 （续）

3.5 12 ℃灭菌土壤中菲的降解

如图 3-6 所示,(a)、(b)、(c)分别为土壤菲的降解、脱氢酶的变化和 SOM 的变化。低温条件下,*Enterobacter himalayensis* GZ6 与 *Pseudomonas aeruginosa* GZ7 对土壤中的菲有较好的降解性能,其中,前三周的速率最快,菲降解率均在 28 d 时达到 100%。实验用土为灭菌土,灭菌后脱氢酶含量低于检出限。添加 *Enterobacter himalayensis* GZ6 和 *Pseudomonas aeruginosa* GZ7 后,脱氢酶在 7 d 迅速升高至 33.75 μg/(g 干土×24 h)和 52.31 μg/(g 干土×24 h),总体高于未灭菌原土 31.86 μg/(g 干土×24 h)。SOM 在 7 d 迅速下降后缓慢升高,修复 35 d 后,*Enterobacter himalayensis* GZ6 处理组 SOM 达 4.98%高于未灭菌原土 4.57%,此时 *Pseudomonas aeruginosa* GZ7 处理组 SOM 为 3.52%。结果表明,相比 *Pseudomonas aeruginosa* GZ7,*Enterobacter himalayensis* GZ6 在修复土壤中的生长代谢状况更好。值得注意的是,功能菌来自 GZ 土样(pH＝6.28),其在 pH＝8.23 的碱性环境中也表现出良好的降解性能,这为污染场地的生物修复的场地应用提供进一步支持。

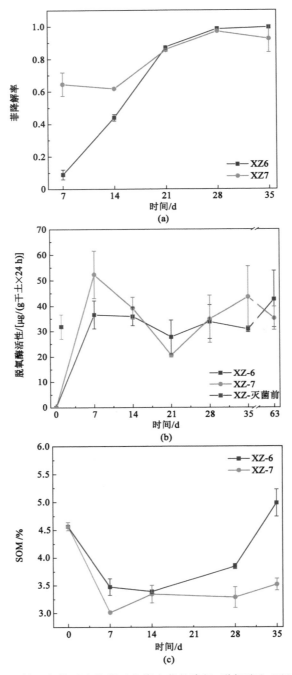

图 3-6 低温条件下功能菌对土壤中菲的降解、脱氢酶和 SOM 变化

3.6 本章小结

基于"邻苯二酚-菲/蒽"多基质驯化模式,以氧化后场地受温度、pH 值和盐度等胁迫为出发点,在 10～12 ℃下从长期石油污染土壤中定向驯化和筛选获得一株革兰氏阴性菌:*Enterobacter himalayensis* GZ6(CGMCC NO. :26385)。

(1)在 pH＝3～6、12～35 ℃条件下具有良好的降解性能。修复 9 d 后,pH ＝3～7 时,*Enterobacter himalayensis* GZ6 对菲的降解率达 88％,88％,89％,100％。12～35 ℃时 *Enterobacter himalayensis* GZ6 对菲的降解率达 20％、100％、100％,对蒽的降解率达 20％、77％、77％。

(2)Na$_2$SO$_4$ 能促进 *Enterobacter himalayensis* GZ6 的生长与 PAHs 降解性能。添加 0～80 mmol/L Na$_2$SO$_4$ 时,*Enterobacter himalayensis* GZ6 对菲的降解率均高于对照组,且当 Na$_2$SO$_4$ 添加量为 20 mmol/L 时,菲的降解率达 62％。

(3)*Enterobacter himalayensis* GZ6 在修复土壤中的生长代谢状况较好。12 ℃修复 pH＝8.23 的灭菌土壤时,28 d 菲降解率均达 100％,脱氢酶均在 7 d 超过对照组,SOM 于第 35 d 超过对照组。

基于功能菌在不同温度、pH 值、盐度条件下的降解性能和生长代谢情况,*Enterobacter himalayensis* GZ6 满足与 PS 联合修复需求。

4 *Enterobacter himalayensis* GZ6-土著菌协同修复菲/蒽污染土壤的潜力

微生物修复有机污染土壤过程中,不仅存在相间物质传质、代谢和应激生化反应之间的复杂作用,而且依赖于土壤环境的微生物多样性等。因此,本章通过降解菌、功能基因、微生物代谢网络和环境变异性间复杂相互作用,研究 *Enterobacter himalayensis* GZ6 修复过程中土壤环境指标、微生物群落组成和降解潜力之间的关系。

4.1 *Enterobacter himalayensis* GZ6 降解土壤菲/蒽

将 *Enterobacter himalayensis* GZ6 分别接种到 3 种土壤中,在 12 ℃修复 PAHs。修复 7 周后,菲/蒽的剩余浓度如图 4-1 所示。在碱性土壤(XZ,NB)中,微生物对菲的降解能力较强,7 周后菲的剩余浓度分别由(173.36±0.27)mg/kg,(155.18±14.77)mg/kg 下降至(0.79±0.02)mg/kg,(0.98±0.33)mg/kg,其降解率达 99.5% 和 99.4%。相对于碱性土壤,酸性土壤(GZ)菲的生物降解率为 96.8%,剩余浓度由(151.41±0.20)mg/kg 下降至(4.81±0.23)mg/kg。Zhou[183] 发现一株名为 *Bacillus firmus* PheN7 的厌氧菌,和本地降解细菌协同作用在 56 d 内对土壤中菲的平均去除浓度为 1.73 mg/kg。

3 种土壤中蒽的降解情况正好相反。酸性土壤(GZ)中蒽的生物降解能力最高,剩余浓度由(131.43±0.23)mg/kg 下降为(1.41±1.05)mg/kg,降解率高达 98.9%。与菲相比,碱性土壤(XZ,NB)中微生物对蒽的降解能力较低,7 周后蒽的剩余浓度分别由(214.89±1.86)mg/kg、(202.77±24.04)mg/kg 下降为(37.84±2.07)mg/kg、(23.19±1.70)mg/kg,降解率分别为 82.4% 和 88.6%。Farraj[184] 在 pH 值为 7、温度为 25 ℃、搅拌速度为 150 r/min 和吐温 80 表面活性剂的条件下,20 d 内蒽的降解率为 77%,25 d 内蒽的降解率为 92%。

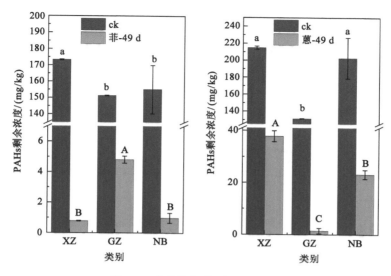

图 4-1　生物修复菲/蒽污染土壤

4.2　修复过程土壤理化性质的变化

　　如图 4-2 所示,在原始污染土壤中,酸性土壤(GZ)SOM 含量最高为(7.4%±1.51%),其次是碱性土壤中 XZ 土样(4.09%±0.06%),NB 土样 SOM 含量最低(1.74%±0.01%)。接种功能菌生物修复 7 周后,XZ、GZ 和 NB 土样 SOM 含量分别下降为(2.01%±0.82%)、(2.54%±0.32%)和(1.52%±0.24%)。修复 7 周后,酸性土壤与碱性土壤中的 SOM 含量没有显著差异,说明酸性土壤中 SOM 消耗最快。

　　在原始污染土壤中,碱性土壤(NB)DOC 含量最高为(129.88±5.83) mg/kg,其次是碱性土壤(XZ)(82.40±0.01) mg/kg,酸性土壤(GZ)DOC 含量最低(71.18±1.80) mg/kg。接种功能菌修复 7 周后,XZ、GZ 和 NB 土样 DOC 含量分别下降为(58.35±0.12) mg/kg、(195.88±0.25) mg/kg 和(121.63±3.15) mg/kg。修复 7 周后,GZ 与 XZ,XZ 与 NB 土样中的 SOM 含量没有显著差异。酸性土壤(GZ)中 SOM 含量大幅度降低生成了大量 DOC,而 DOC 为微生物生长代谢提供充足的碳源,由于碳源竞争作用,土壤中菲的降解率下降。

　　修复前后,土壤 pH 值变化不大。XZ、GZ 和 NB 土壤的 pH 值分别为(7.87%±0.04%)和(8.26%±0.00%)、(6.26%±0.08%)和(6.28%±0.04%)、(8.14%±0.01%)和(8.39%±0.05%)。

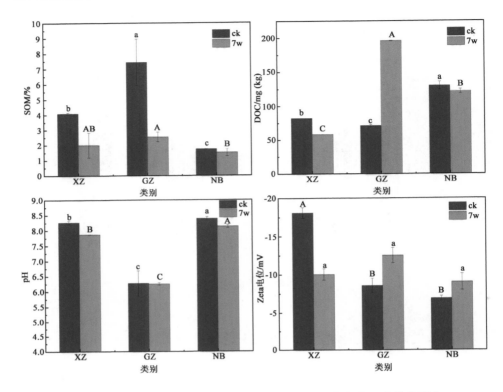

图 4-2　生物修复 PAHs 污染土壤 SOM、DOC、pH 值和 Zeta 电位的变化

　　3 种土壤中的 Zeta 电位为负值，说明土壤表面电荷为负，其中 XZ 土壤中表面负电荷最多。修复 7 周后，3 种土壤表面负电荷量无显著差异。

　　图 4-3(a)～(f)分别为 XZ 原土、GZ 原土、NB 原土、修复后 XZ 土壤、修复后 GZ 土壤、修复后 NB 土壤的三维荧光光谱。

　　根据激发-发射波长区域，分为四个区域：区域 Ⅰ 为芳香族氨基酸($\lambda_{exc}=220\sim250$ nm，$\lambda_{em}=250\sim330$ nm)，主要来源于微生物；区域 Ⅱ 为 PAHs($\lambda_{exc}=220\sim250$ nm，$\lambda_{em}=330\sim380$ nm)，区域 Ⅲ 为富里酸($\lambda_{exc}=220\sim250$ nm，$\lambda_{em}=380\sim580$ nm)；区域 Ⅳ 为腐殖酸($\lambda_{exc}=250\sim470$ nm，$\lambda_{em}=380\sim580$ nm)；区域 Ⅴ 为微生物副产品($\lambda_{exc}=250\sim470$ nm，$\lambda_{em}=280\sim380$ nm)[185]。如图 4-3 所示，结果表明，修复前后 3 种土壤中均存在一定含量的芳香族氨基酸(区域 Ⅰ)，修复后，碱性土壤(XZ,NB)区域 Ⅱ、区域 Ⅲ、区域 Ⅳ 和区域 Ⅴ 峰强增强，酸性土壤(GZ)则与之相反。

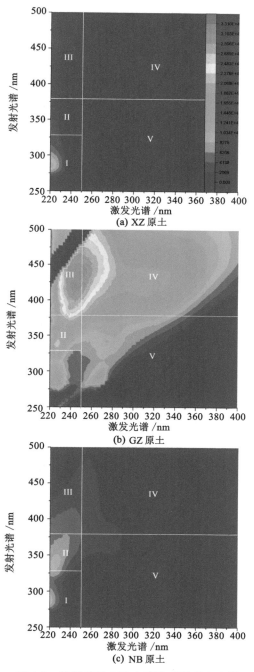

图 4-3 修复前后 3 种土壤的三维荧光光谱

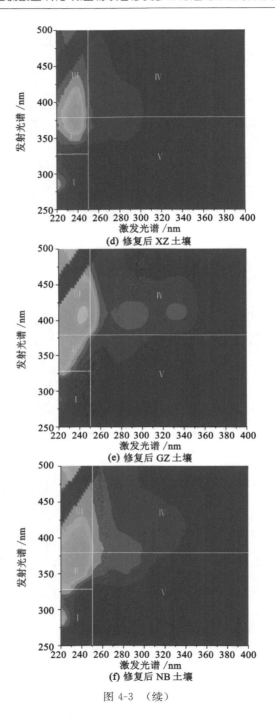

(d) 修复后 XZ 土壤

(e) 修复后 GZ 土壤

(f) 修复后 NB 土壤

图 4-3 （续）

4.3 土壤微生物群落变化

4.3.1 微生物多样性变化

样品的物种丰富度和多样性指数分析包括 Ace、Chao、Coverage、Shannon、Simpson 和 Sobs 六个指数,如表 4-1 所示。

表 4-1　土壤微生物 Alpha 多样性指数

样本	Ace	Chao	Coverage
B1_0	2 409.67(16.90)b	2 402.11(58.61)b	0.99(0.00)e
B1_7	1 587.20(66.55)c	1 271.05(71.44)c	0.99(0.00)c
B2_0	1 236.76(76.11)d	1 241.50(65.93)c	1.00(0.00)a
B2_7	709.31(104.92)e	526.67(79.71)e	1.00(0.00)ab
B3_0	2 595.83(87.26)a	2 590.18(87.46)a	0.99(0.00)d
B3_7	1 388.08(110.83)d	978.03(74.48)d	0.99(0.00)b

样本	Shannon	Simpson	Sobs
B1_0	6.17(0.09)a	0.01(0.00)c	2 060.67(13.58)b
B1_7	3.44(0.02)c	0.10(0.01)b	830.33(57.50)d
B2_0	5.54(0.07)b	0.01(0.00)c	1 141.00(50.00)c
B2_7	2.32(0.06)e	0.24(0.04)a	329.67(55.79)f
B3_0	5.47(0.08)b	0.04(0.00)b	2 179.33(85.05)a
B3_7	2.94(0.09)d	0.12(0.01)b	511.67(58.65)e

B1、B2 和 B3 分别为 XZ、GZ 和 NB 土样;0、7 分别代表原始污染土壤和修复 7 周后的土壤;相同字母表示无显著性差异,$p > 0.05$;括号里为误差值。

三个地区的原始污染土壤的物种丰富度和多样性排序为 NB>XZ>GZ。NB 的 Ace、Chao 和 Sobs 丰富度指数最高,GZ 最低。Shannon 指数 XZ 最高,NB 和 GZ 没有显著性差异($p < 0.05$)。Coverage 指数介于 99%～100% 之间;GZ 具有最高覆盖率,而 XZ 具有最低覆盖率。修复 7 周后,三个地区的污染土壤的物种丰富度和多样性排序为 XZ>NB>GZ。XZ 的 Ace、Chao 和 Sobs 丰富度指数最高,GZ 最低。Shannon 指数 XZ 最高,GZ 最低。Simpson 指数 GZ 最高,XZ 和 NB 没有显著性差异($p < 0.05$);这与 Shannon 指数的表现一致。修复后 Coverage 指数介于 99%～100% 之间;GZ 和 NB 覆盖率没有显著性差异

（$p<0.05$），而 XZ 覆盖率最低。

4.3.2　修复前后不同土壤微生物群落结构变化

如图 4-4（a）所示，3 种原始污染土壤前五个优势菌门分别为 *Actinobacteriota*、*Proteobacteria*、*Chloroflexi*、*Acidobacteriota*、*Firmicutes*。修复前后 XZ 土样和 NB 土样的微生物群落结构相似。修复 7 周后，XZ 和 NB 土样中均以 *Firmicutes* 和 *Proteobacteria* 为主，*Firmicutes* 占比分别由 6% 和 17% 上升为 58% 和 55%，*Proteobacteria* 占比分别由 20% 和 10% 上升为 33% 和 43%。修复前 GZ 土样优势菌门的占比与 XZ 和 NB 明显不同，分别为 *Firmicutes*（49%），*Proteobacteria*（20%），*Chloroflexi*（16%），*Actinobacteriota*（6%），*Acidobacteriota*（5%）。值得注意的是，修复 7 周后，*Proteobacteria* 优势最为显著，其占比上升为 88%，而 *Cyanobacteria* 占比由 0.5% 上升为 9%。

属水平上，原始污染土壤中微生物群落多样性较高，但每个物种占比较小。如图 4-4（b）所示，XZ 原始污染土壤中占比最高的为 *norank_f_norank_o_Gaiellales*（5.43%）和 *Arthrobacter*（5.37%），占比小于 1% 的物种总占比为 42.62%。生物修复 7 周后，*Bacillus*、*Paenisporosarcina*、*Sphingopyxis* 由 3.63%、0.29%、2.92% 上升为 27.20%、27.09%、4.48%。研究表明，*Bacillus* sp. PAH-2 对分子结构稳定性较差的物质具有较高的降解率，对 BaA，Pyr 和 BaP 的 7 d 降解率分别为 20.6%、12.83% 和 17.49%[186]。Liu[187] 对南非 Knysna 河口 PAHs 的存在及其对微生物群落和 PAH 降解属和基因的影响研究发现，PAHs 降解菌如 *Xanthomonadales*、*Pseudomonas* 和 *Mycobacterium* 在 PAHs 代谢以及其他生物地球化学过程（如铁循环）中起着核心作用，有助于维持健康的河口生态系统。占比小于 1% 的物种总占比下降为 8.56%，意味着修复后 *Pseudoxanthomonas*（3.98%）、*Allorhizobium-Neorhizobium-Pararhizobium-Rhizobium*（3.32%）、*Massilia*（3.31%）、*Achromobacter*（2.25%）等多种微生物优势属占比增加。研究发现，高效菲降解细菌 *Massilia* sp. WF1 和有机污染物生物修复模式真菌 *Phanerochaete chrysosporium* 的共培养物在水性和高压灭菌土壤中（菲，约 50 mg/kg）显示出较强的协同降解菲作用[188]。

属水平上，GZ 原始污染土壤中占比最高的为 *Hydrogenispora*（10.43%）和 Bacillus（10.14%），占比小于 1% 的物种总占比为 39.94%。生物修复 7 周后，*Mucilaginibacter*（4.36%）、*unclassified_f_Oxalobacteraceae*（4.73%）、*Enterobacter*（5.19%）、*Pandoraea*（6.49%）、*Pedobacter*（4.76%）、*Sphingomonas*（7.67%）、*Brucella*（7.82%）等多种微生物优势属占比增加。值得注意的是，*Burkholderia-Caballeronia-Paraburkholderia* 大幅度提高为 43.67%，*Bacillus* 降低为 0.41%。

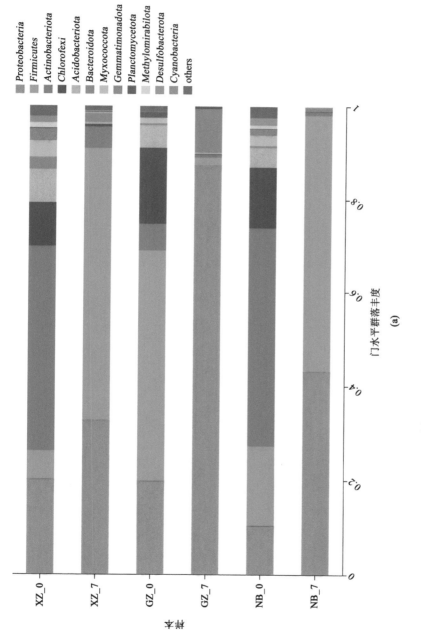

图 4-4 修复前后不同样本微生物群落结构变化

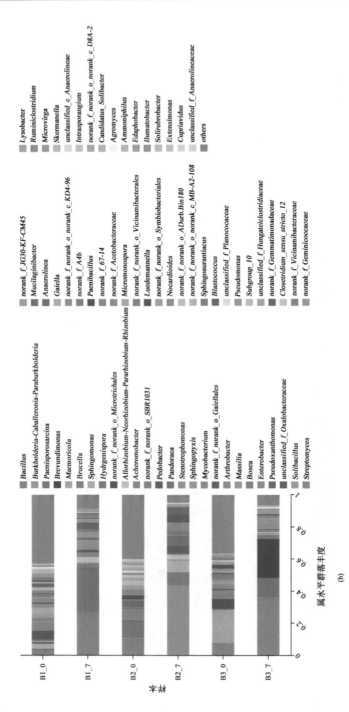

图 4-4 （续）

属水平上,NB 原始污染土壤中 *Marmoricola*(20.59%)占比最高,其次是 *Bacillus*(7.72%)、*norank_f_norank_o_Microtrichales*(6.12%)、*norank_f_A4b*(3.13%)等,占比小于 1% 的物种总占比为 36.22%。生物修复 7 周后,占比小于 1% 的物种总占比下降为 6.91%,*Bacillus*、*Brevundimonas*、*Paenisporosarcina*、*Stenotrophomonas* 占比大幅度增高到 36.34%、24.16%、12.10%、4.18%。

4.4　环境因子相关性及其对生物多样性的影响

4.4.1　RDA/CCA 分析

如图 4-5 所示,修复前后对微生物的限制因子发生变化。修复前碱性土壤(XZ,NB)中 SOM、DOC 为中低含量,土壤中 PAHs 的浓度为微生物结构变化的主要影响因子,修复后,PAHs 浓度大幅度降低,影响微生物群落结构变化的因子变为 SOM,DOC 的影响最小。修复前后 XZ 和 NB 土样中 PAHs 浓度、DOC、SOM 和 pH 值接近,这是修复前后 XZ 和 NB 土样中微生物群落结构接近的原因。酸性土壤(GZ)与碱性土壤差异较大,修复前,影响最大的环境因子为 SOM、PAHs 剩余浓度和 pH 值,DOC 对生物群落结构影响较小。修复后,DOC、pH 值和 PAHs 剩余浓度的影响最大,SOM 几乎没有影响。

4.4.2　路径分析

通过路径分析研究土壤中各因子土壤 pH 值、SOM、DOC、菲和蒽剩余浓度对 Alpha 多样性指数的相对重要程度及其关系。以 Shannon 多样性指数为 Alpha 多样性指数代表值,Shannon 多样性指数的值越高,群落的多样性程度越高,其稳定性就越高。筛选出菲剩余浓度、DOC 和 pH 值是对 Shannon 多样性指数的关键影响因子,得到最优回归方程:

$$Y = 2.864 + 0.164X_1 - 0.007X_2 + 0.124X_3, R^2 = 0.994$$

式中,Y 为 Shannon 指数;X_1 为土壤中菲剩余浓度;X_2 和 X_3 分别为 DOC 和土壤 pH 值。误差为 12.8%,误差的通径系数为 0.077 2。

由表 4-2 可知,环境因子对 Shannon 多样性指数的影响由高到低分别为土壤 pH 值＞土壤中菲的剩余浓度＞DOC 含量。pH 值对 Shannon 多样性指数的直接作用为 0.123 7,但通过菲的剩余浓度和 DOC 含量对 Shannon 多样性指数的间接作用分别为 −0.050 5 和 0.122 3,主要通过直接作用和间接作用对 Shannon 多样性指数产生影响。土壤菲的剩余浓度对 Shannon 多样性指数的

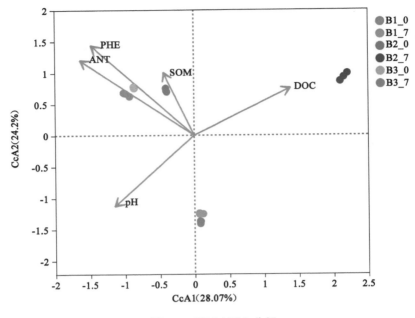

图 4-5　RDA/CCA 分析

直接作用为 0.163 7,但通过 pH 值和 DOC 含量对 Shannon 多样性指数的间接作用为负,主要通过直接作用对 Shannon 多样性指数产生影响。DOC 对 Shannon 多样性指数的直接作用为 -0.007 3,但通过土壤菲的剩余浓度和 pH 值产生的间接作用分别为 0.024 0 和 -0.005 4,主要通过菲的剩余浓度间接影响微生物的群落结构。

表 4-2　路径分析模型结果

	直接作用	间接作用			总作用
		X_1	X_2	X_3	
X_1	0.163 7		-0.001 1	-0.038 1	0.124 5
X_2	-0.007 3	0.024 0		-0.005 4	0.011 3
X_3	0.123 7	-0.050 5	0.122 3		0.195 5
R^2	0.077 2				

4.4.3　环境因子与生物群落结构相关性分析

如图 4-6 所示,图中节点的大小表示物种丰度大小,不同颜色表示不同的物种;连线的颜色表示正负相关性,红色表示正相关,绿色表示负相关;线的粗细表示相关性系数的大小,线越粗,表示物种之间的相关性越高;线越多,表示该节点之间的联系越密切。与蒽降解相关的OTUs均属于 *Actinobacteriota* 门,在 B1_0 和 B3_0 中占比较高,说明 XZ 和 NB 土样具有较高的蒽修复潜力。与菲降解相关的OTUs属于 *Proteobacteria* 门和 *Firmicutes* 门。*Firmicutes* 门丰度与土壤 pH 值呈正相关,pH 值越高,土壤中 *Firmicutes* 门丰度越高。

土壤中蒽的剩余浓度与 OTU2629、OTU1830、OTU2307、OTU2453、OTU2430、OTU1378、OTU3571、OTU744 有关,分别属于 *Bacillus* 属、*Streptomyces* 属、*Marmoricola* 属、*Defluviicoccus* 属、*Luedemannella* 属、*norank_f_norank_o_Microtrichales* 属、*norank_f_norank_o_norank_c_KD4-96* 属、*Mycobacterium*、*Subgroup_10* 属,其中,OTU2307、OTU2453、OTU2430 与碱性条件下蒽的优势降解有关,OTU1378、OTU3571、OTU744 既属于蒽优势降解菌,又属于菲优势降解菌[189]。Chand[190] 使用从炼油厂污泥中分离的 *Rhodococcus ruber*、*Bacillus* sp. 和 *Bacillus cereus* 的混合体研究了含油污泥的生物降解,在 15 d 内降解率达到 70%,油泥中的喹啉、苯酚、联苯、萘、吡啶和苯并喹啉衍生物分别比对照组减少 87%、92%、88%、77%、40% 和 62%。

pH 值是影响土壤微生物结构的重要因素[191]。OTU2040、OTU542、OTU2412、OTU1568、OTU1281、OTU1272、OTU2959、OTU1185、OTU1267、OTU424 在碱性条件下丰度较高,多存在于 XZ 和 NB 土样中,分别属于 *Bacillus* 属、*Fictibacillus_arsenicus* 属、*Paenisporosarcina* 属、*Bacillus* 属、*Stenotrophomonas* 属、*Solibacillus* 属、*unclassified_f_Planococcaceae* 属、*Brevundimonas* 属、*Bacillus* 属和 *Bacillus* 属。OTU2412、OTU1568、OTU1281、OTU424、OTU2959、OTU1272、OTU1185 与土壤中菲的剩余浓度呈负相关,这可能是碱性条件下菲的生物降解降低的原因。OTU322、OTU762、OTU536、OTU325、OTU810、OTU1223 在酸性高 SOM 条件中丰度较高,多存在于 GZ 土样中。

SOM 含量与 OTU622 呈正相关,并与菲的高效降解菌有关,分别属于 *Clostridium_sensu_stricto_12* 属、*unclassified_c_Gammaproteobacteria* 属、*norank_f_BIrii41* 属、*norank_f_Gemmatimonadaceae* 属,大量存在于 GZ 样本中。

DOC 与 OTU1140、OTU1204、OTU3188、OTU1265、OTU2599、OTU2207 (分别为 *Pseudoxanthomonas* 属、*Achromobacter* 属、*Sphingopyxis* 属、*Massilia* 属、*Bacillus* 属、*Phenylobacterium* 属)呈负相关。

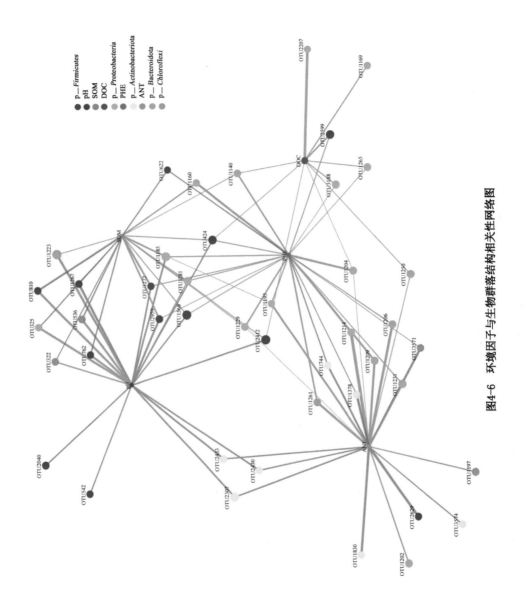

图4-6 环境因子与生物群落结构相关性网络图

4.4.4 PICRUSt2 功能预测

nahH，HPD，*nahG*，*pcaG*，*xlnE*，*catA*，*ligA*，*nagG*，*antA*，*phdI*，*ndoB*，*nahC* 分别代表邻苯二酚 2，3-双加氧酶，4-羟基苯基丙酮酸双加氧酶，水杨酸 1-单加氧酶，原儿茶酸 3，4-加氧酶，龙胆酸 1，2-二加氧酶，邻苯二酚 1，2-二加氧酶，原儿茶酸 4，5-双加氧酶，水杨酸 5-羟化酶，蒽醌 1，2-二加氧酶，1-羟基-2-萘酸 1，2-二加氧酶，萘 1，2-二加氧酶，1，2-二羟基萘加氧酶。

由图 4-7 可知，相对于修复前，除了 *pcaG*，*phdI*，*ndoB*，修复后 B1_7、B2_7 和 B3_7 处理组中酶丰度普遍增加。B2_7 样本 *pcaG* 酶的基因丰度显著增高，*ndoB* 和 *nahC* 酶的基因丰度显著降低，B1_7 和 B3_7 样本中相关基因丰度则与之相反或保持不变。此外，观察到 B1_7、B3_7 样本中 *nahH* 丰度最高，B2_7 样本中 *catA* 大幅度累积，高于碱性土壤。

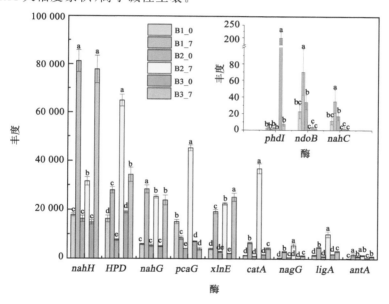

图 4-7   PICRUSt2 功能预测 KEGG 功能丰度图

4.5   土壤环境因子对 PAHs 降解的影响

疏水性有机化合物在土壤中的环境归宿和行为最终取决于每种化合物的物理化学性质和土壤性质。

（1）土壤对疏水性有机化合物的吸附作用主要源自 SOM[192]

研究表明，SOM 含量越高，对 PAHs 吸附能力越强，与 SOM 含量较低的壤质砂土和无机炉渣相比，在土壤中添加椰子椰壳、竹叶等有机碳含量可提高 PAHs 吸附能力[191]。本研究中，GZ 土样 SOM 含量最高为（7.4％±1.51％），其次是 XZ 土样（4.09％±0.06％），NB 土样 SOM 含量最低（1.74％±0.01％），因此，可以推断土壤对 PAHs 的吸附能力由高到低分别为 GZ＞XZ＞NB（图 4-2）。

（2）SOM 溶解在水中形成溶解有机质（DOM），影响 PAHs 溶解度

通常，DOM 是通过测量溶解有机碳（DOC）来定量的。当 DOM 从土壤基质中释放出来时，与 PAHs 发生络合作用形成腐殖质-溶质复合物，增加土壤中 PAHs 的溶解度[192]。Zhang[193] 研究了 SOM 与 DOM 的释放对土壤沉积物上菲吸附的影响，结果表明，与沉积物性质的变化相比，SOM 释放产生的 DOM 溶解对 PAHs 吸附的抑制作用更大，相对贡献为 0.67。Tao[194] 使用一种嵌有三醛的乙酸纤维素膜（TECAMs）测定从土壤中解吸的 PAHs 含量，解吸的 PAHs 与 SOM 呈负相关，与 DOC 呈正相关。Han[13] 发现，菲与 DOC 的络合作用主要在冷季而不是暖季起作用。本研究中，低温条件下，土壤中菲和蒽的剩余浓度与 SOM 呈正相关，与 DOC 呈负相关，意味着 SOM 含量越高，吸附在土壤中的 PAHs 越多；DOC 含量越高，PAHs 的溶解度越大，其生物可得性越高，导致土壤中 PAHs 的剩余浓度越低。

（3）土壤对 PAHs 的吸附作用不仅与其在水中的溶解度有关，还与 PAHs 的结构和物理化学性质［相对分子质量、分子面积、正辛醇-水分配系数（lg K_{ow}）］有关

蒽和菲是相对分子质量相同的同分异构体，分子面积分别为 204.65，201.50 $Å^2$，lg K_{ow} 分别为 5.54 和 5.57，水中溶解度分别为 0.25 $\mu mol/L$ 和 5.60 $\mu mol/L$[195]。蒽和菲的 lg K_{ow}、分子表面积和分子质量接近，菲的水溶性大约是蒽的 20 倍。高对称性分子的晶体比具有相似结构的低对称性分子晶体更难溶解[196]。PAHs 解吸速率与分子性质的线性回归关系表明：对 PAHs 解吸影响由高到低的因子分别为水中的溶解度＞lg K_{ow}＞分子表面积＞分子质量[195]，水中的溶解度越高，对土壤基质的亲和力越低，解吸速率越快[191]。

（4）pH 值是影响土壤生物、化学和物理特性的主要土壤变量之一[197]

研究表明，土壤 pH 值的变化会影响有机污染的演变和环境归宿[198]。尽管土壤和矿物表面负电荷随 pH 值增加而变化的确切机制尚不完全清楚，但通过土壤表面 H^+ 的解离或 OH^- 的消耗来产生负电荷的观点被普遍接受[199]。Saini[200] 研究发现，酸性土壤（pH＝5.0）表面带正电荷，而碱性土壤（pH＝8.0 和 9.0）表面带负电荷。

提高 PAHs 的生物可得性及其与土壤微生物的接触,有利于 PAHs 的生物降解。本研究中,① 3 种土壤表面均为负电荷,菲作为极性分子更容易发生静电作用吸附在土壤表面,其中,中 SOM/碱性土壤(XZ)表面负电荷量最高;② 土壤中的 SOM 含量越高,对 PAHs 的吸附作用越大,尤其是对蒽,高 SOM/酸性土壤(GZ)土壤对菲的静电吸附能力减弱,非极性分子蒽对 SOM 的吸附能力高于菲;③ 高 SOM/酸性土壤(GZ)土壤中大量的 DOC 提高了吸附在土壤表面 PAHs 的溶解度。因此,中低 SOM/碱性土壤中菲的降解率高于蒽。在高 SOM/酸性土壤(GZ)中,蒽被优先降解。

4.6 *Enterobacter himalayensis* GZ6-土著菌修复 PAHs 潜力

(1)PAHs 生物修复效率取决于环境、化合物的性质和结构,更取决于微生物类型[201]

中、低 SOM 碱性土壤(XZ,NB)中优势菌属类似,*Bacillus*、*Paenisporosarcina*、*Sphingopyxis*、*Pseudoxanthomonas* 等优势菌属显著增加,而在低 pH 值环境(GZ 土样)中几乎没有检测到,这可能是由于这几种优势菌属能在中性或者碱性条件下进行生长代谢活动,而在酸性土壤中较难生存。Li[202]发现 Bacillus、Paenisporosarcina 等菌属在 pH 值为 7 的菲污染土壤中占比较高。Li[202]获得了 3 株降解萘的菌株,分别为 *Bacillus cereus* CK1、*Pseudomonas aeruginosa* KD4 and *Enterobacter aerogenes* SR6,在 pH 值为 7~9 的条件下,萘的降解率高达 98%~100%。

仅在低 SOM/碱性土壤(NB)中检测到 *Brevundimonas* 大幅度增加。研究发现,*Brevundimonas* sp.(35%)在添加土霉素的序批式反应器中显著富集(35%),由于其毒性较低,目前认为该属无致病性[203]。在苯甲酸酯、氯烷烃和氯烯烃、氯环己烷和氯苯、甲苯、二甲苯、硝基甲苯、乙苯、苯乙烯、二噁英、萘等有机污染沉积物中,最丰富的属包括 *Pseudomonas*、*Methylotenera*、*Rhodococcus*、*Stenotrophomonas* and *Brevundimonas*[204]。Lu[205]研究表明,*Massilia*、*Bacillus*、*Lysobacter*、*Archrobacter* 和 *Phenylobacterium* 的 PAHs 均成为 PAHs 处理中的优势属,表面活性剂鼠李糖脂的添加显著刺激了 *Delftia*、*Brevundimonas*、*Tumebacillus* 和 *Geobacillus* 的生长。土壤中接种的功能菌为 *Enterobacter himalayensis*,可产表面活性剂鼠李糖脂[121],这可能是 NB 土样中 *Brevundimonas* 占比显著增加的原因之一,表明对环境友好的优势菌属 *Brevundimonas* 与功能菌 *Enterobacter himalayensis* 联合具有协同修复抗生素、PAHs 等有机污染的潜力。

高 SOM/酸性土壤（GZ）中，*Burkholderia-Caballeroni-Paraburkholderia*、*Pandoraea*、*Enterobacter*、*unclassified_f_Oxalobacteraceae*、*Mucilaginibacter* 等优势菌属显著增加，而在中、低 SOM/碱性土壤（XZ，NB）中几乎没有检测到。SOM 与许多重要的生态系统功能有关，它可以保持土壤结构，结合矿物颗粒，提高蓄水能力；此外，SOM 也是营养物质的动态储存，可循环为生物可利用形式[206]。有机质可以促进微生物生长，进而促进生物降解污染物。研究发现，添加有机质（土壤提取物和腐殖酸）显著促进了 *Burkholderia ambifaria strain* L3 的生物密度，五氯苯酚的 15 d 生物降解率分别增加到（44.3%±2.51%）（$p<$ 0.05）和（54.2%±2.64%）（$p<0.05$）（相比添加前增加了 9.85% 和 19.8%）[207]。*Burkholderia-Caballeronia-Paraburkholderia*、*f_Enterobacteriaea_Unclassified*、*Pandoraea* 在有机质丰富的酸性土壤（pH=5.9）中被大量检测到[208]。此外，研究发现，*Burkholderia Caballeronia Paraburkholderia* 具有促进植物生长的特性，在植物种子成熟的过程中，其相对丰度趋于增加，并在完全成熟的种子和种皮中达到峰值[209]。

此外，高 SOM/酸性土壤（GZ）修复 7 周后，存在多种与 DOC 呈负相关的优势菌种。土壤中 DOC 的含量通常被认为与微生物活性水平有关。研究表明，土壤 DOC 与总 PAHs 和 LMW PAHs 的降解率、PAH 降解相关的细菌属的相对丰度存在显著相关性（$p<0.05$），其主要原因是土壤 DOC 既是微生物活动的底物，也是微生物代谢 PAHs 过程的副产品，在维持土壤微生物活性方面发挥了关键作用[210]。Straathof[211]测量了土壤微生物呼吸（CO_2 排放）、疏水性（腐殖酸和富里酸）、中性和亲水性 DOC 组分的浓度，发现亲水性 DOC 浓度与土壤呼吸呈显著正相关，腐殖酸浓度在 35 d 内显著降低，可以与亲水性化合物一起为微生物群落提供一个容易获得的碳源。DOC 的质量会影响微生物群落组成、养分有效性、浸出和土壤碳周转率。Jeljli[212]发现北半球地表水中 DOC 的普遍增加通常归因于酸性沉积的恢复和气候变化。本实验中，修复 7 周后，酸性土壤样本 PAHs 和 SOM 含量下降，酸性土壤（GZ）中 DOC 含量大幅度升高。这种负相关作用可能是微生物利用 DOC 进行生长代谢的标志（图 4-2）。

（2）PAHs 的生物降解强度可由 PAHs 降解基因的丰度和组成来反映[210]

PAHs 的生物降解一般分为两个阶段：第一阶段通过单加氧酶和双加氧酶的作用添加羟基，使疏水性化合物更易溶于水；第二阶段通过添加葡萄糖、葡萄糖醛酸、谷胱甘肽、硫酸盐或乙酰基的分子将羟基化合物转化为更易溶解的分子以代谢[213]。已知 *Pseudomonas*、*Sphingobium*、*Nocardia*、*Rhodococcus* 和 *Mycobacterium* 等细菌通过 3-羟基-2-萘甲酸、2,3-二羟基萘途径降解蒽，进一步降解途径类似于萘降解途径。蒽通过双氧合和脱水形成 1,2-二羟基蒽，该化合物通过间位环裂解而裂解,裂解产物进一步降解为 2-羟基-3-萘醛,然后降解为 3-羟基-2-萘甲酸。此外,*Mycobacterium* sp. PYR-1 降解蒽的两种最终产物检测出 9,10-蒽醌和 1-甲氧基-2-羟基蒽[214]。Niharika[215] 推断热带假单胞菌对菲和芘的降解途径,一种可能的途径是通过胞内微生物单加氧酶将 PAHs 转化为环氧化物,然后通过环氧化物水解酶催化形成反式二氢二醇,或通过非酶重排形成共轭产物,如硫酸盐、葡糖醛酸盐、木糖苷和葡糖苷;另一种是通过双氧酶氧化 PAHs 以产生顺式二氢二醇,通过邻苯二甲酸盐途径或水杨酸盐途径进一步氧化降解。

在 PAHs 生物降解过程中,3-羟基-2-萘甲酸、龙胆酸、邻苯二酚和原儿茶酸是 PAHs 降解的 4 种主要中间代谢产物[216],推测这些中间代谢产物的降解是 PAHs 代谢过程中的限速步骤。因此,水杨酸羟化酶、双加氧酶和脱氢酶是微生物在 PAHs 代谢中的关键酶。此外,NADP 依赖性醛脱氢酶、3-羟基邻氨基苯甲酸 3,4-双加氧酶、4-羟基苯丙酮酸双加氧酶和 1,3,7-三甲基尿酸 5-单加氧酶基因主要编码细菌的脱氢酶和双加氧酶,参与 PAHs 的生物降解[210]。Kashyap[217] 在热带梭菌 MTCC 184 的细胞中检测到邻苯二酚 2,3 加氧酶,该酶导致邻苯二酚通过中间通路进一步分解为 2-羟基粘糠酸半醛,进入 TCA 循环,支持了水杨酸盐途径可以降解 PAHs 的推断。

综上所述,我们选择 12 个涉及菲和蒽降解的关键基因进行丰度分析。本研究中,高 SOM/酸性土壤中 *pcaG* 酶的基因丰度显著增高,*ndoB* 和 *nahC* 酶的基因丰度显著降低,中、低 SOM/碱性土壤中相关基因丰度则与之相反或保持不变(图 4-7)。推测菲在不同土壤中降解产生中间产物 1-羟基-2-萘甲酸(1-hydroxy-2-naphthoic acid,1H2N),在酸性土壤中倾向于原儿茶酸途径降解,在碱性土壤中倾向于水杨酸途径降解。*antA* 酶基因丰度在 3 种土壤中均升高,意味着蒽在 3 种土壤中产生蒽醌,通过水杨酸和邻苯二甲酸等途径代谢。修复 7 周后,中、低 SOM/碱性土壤中 *nahH* 酶基因高于高 SOM/酸性土壤,*catA* 酶基因则与之相反,推测 PAHs 在不同土壤中降解产生中间产物邻苯二酚,在中、低 SOM/碱性土壤中倾向于与邻苯二酚 2,3 双加氧酶反应发生间位降解形成 2-羟粘糠酸半醛,在高 SOM/酸性土壤中倾向于与邻苯二酚 1,2 双加氧酶反应发生邻位降解形成顺,顺-粘康酸。根据酶基因丰度推测菲和蒽的降解路径如图 4-8 所示。

此外,土壤中 *nahH*、*HPD*、*nahG*、*xlnE*、*catA*、*ligA*、*nagG*、*antA*、*nahC* 等酶降解基因丰度均显著增加。表明 *Enterobacter himalayensis* GZ6 强化生物修复技术适用于不同土壤环境,在高 SOM/酸性土壤和中、低 SOM/碱性土壤中,微生物之间通过协同作用可使 PAHs 同时通过水杨酸途径和原儿茶酸途径完全矿化[218]。*Enterobacter himalayensis* GZ6 通过刺激多种酶诱导平行代谢途径

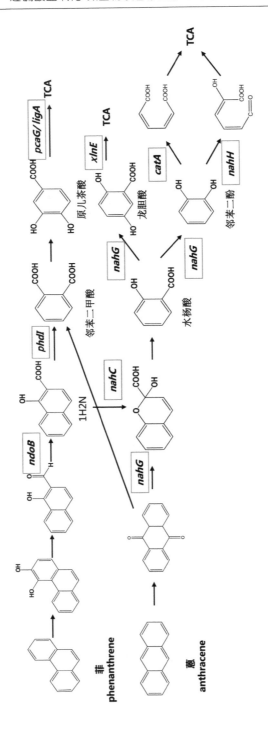

图4-8 菲和蒽的降解路径

与土著菌协同修复菲/蒽污染土壤。

4.7　本章小结

（1）选择 *Enterobacter himalayensis* GZ6 低温修复不同菲/蒽污染土壤。12 ℃时，高 SOM/酸性土壤中菲和蒽的降解率分别为 96.8％和 98.9％；中、低 SOM/碱性土壤中菲和蒽的降解率分别为 99.4％～99.5％、82.4％～88.6％。高 SOM/酸性土壤表面的负电荷较少，且高含量的 SOM 对蒽的吸附作用使非极性分子蒽被优先降解；中、低 SOM/碱性土壤带负电荷，静电吸附极性分子菲被优先降解，土壤 pH 值、菲的剩余浓度和 DOC 含量是影响 Alpha 多样性的关键因子。

（2）*Bacillus*、*Paenisporosarcina* 为中、低 SOM 碱性土壤中的优势菌，*Brevundimonas* 和 *Burkholderia-Caballeronia-Paraburkholderia* 分别在低 SOM 碱性土壤、高 SOM/酸性土壤中大幅度增加。

（3）由降解基因丰度的变化推测菲在不同土壤中降解产生中间产物 1H2N，在酸性土壤中倾向于原儿茶酸途径降解，在碱性土壤中倾向于水杨酸途径降解；蒽在 3 种土壤中产生蒽醌，通过水杨酸和邻苯二甲酸等途径代谢；PAHs 在不同土壤中降解产生中间产物邻苯二酚，在中、低 SOM/碱性土壤中倾向于与邻苯二酚 2,3 双加氧酶反应发生间位降解形成 2-羟粘糠酸半醛，在高 SOM/酸性土壤中倾向于与邻苯二酚 1,2 双加氧酶反应发生邻位降解形成顺，顺-粘康酸。此外，*nahH*、*HPD*、*nahG*、*xlnE*、*catA*、*ligA*、*nagG*、*antA*、*nahC* 等酶降解基因丰度均显著增加。表明 *Enterobacter himalayensis* GZ6 通过刺激多种酶诱导平行代谢途径与土著菌协同修复菲/蒽污染土壤。

5 亚铁活化过硫酸盐降解菲的机理研究

本章主要采用 Fe^{2+} 活化过硫酸盐(PS)降解水相中的菲,探究 Fe^{2+} 及 PS 浓度对菲降解率的影响,分析菲的降解动力学,并寻求最佳降解条件。在最佳降解条件下,探究菲降解过程中溶解有机碳含量(DOC)的变化,分析菲的矿化程度。同时,采用分子探针判定 Fe^{2+} 活化 PS 降解菲的过程中的自由基类型,并通过 GC-MS 对菲的氧化中间产物进行鉴定,推测菲的降解机理。

5.1 氧化剂需求量的确定

在 Fe^{2+} 活化 PS 降解污染物的反应中,理论上 1 mol Fe^{2+} 可与 1 mol PS 反应生成 1 mol $SO_4^- \cdot$。且多数研究均证实,PS 与 Fe^{2+} 物质的量比为 1 时,污染物去除率更高[219]。因此,本实验在 $n(PS)/n(Fe^{2+})=1$ 的条件下,初步探究 PS 添加量对菲降解率的影响。当菲(PHE)初始浓度为 53.4 mg/L,PS 添加量分别为 2 mmol/L、5 mmol/L、10 mmol/L、20 和 50 mmol/L 时,反应 72 h 后菲的降解率如图 5-1 所示。

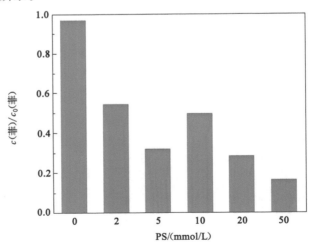

图 5-1 过硫酸盐添加量对菲降解的影响

由图 5-1 可知,反应 72 h 后,不添加 PS 的对照组中,菲降解率为 3.11%,是由于菲的挥发损失造成的。当 PS 浓度从 0 增加至 5 mmol/L 时,由于 Fe^{2+} 活化 PS 产生了强氧化性的 $SO_4^- \cdot$,菲降解率从 3.11% 增加至 67.98%。当 PS 浓度增至 10 mmol/L 时,菲降解率下降至 50.26%,由于本实验是在 $n(PS)/n(Fe^{2+})=1$ 的条件下进行的,随着 PS 浓度的增加,Fe^{2+} 浓度也会随之增加,且与强疏水性的菲相比,高浓度的 $S_2O_8^{2-}$ 在短时间内产生的大量 $SO_4^- \cdot$ 更倾向与水相中 Fe^{2+} 反应,使得 $SO_4^- \cdot$ 与目标污染物菲的反应相应减少,菲降解率下降。

随着 PS 浓度继续增加至 50 mmol/L 时,由于氧化剂浓度的增加,体系中产生的 $SO_4^- \cdot$ 增多,$SO_4^- \cdot$ 与菲的反应速率加快,因而菲降解率增加至 83.42%。与 5 mmol/L 的 PS 相比,菲降解率仅升高 15.44%,提升不明显,说明 Fe^{2+} 竞争消耗 $SO_4^- \cdot$ 作用较大,且过量的 $SO_4^- \cdot$ 会互相淬灭,降低 $SO_4^- \cdot$ 的有效利用率。赵进英[220]同样在 $n(PS)/n(Fe^{2+})=1$ 的条件下考察了过硫酸钠浓度对 4-氯酚降解的影响,结果发现,当 PS 浓度超过最佳值 4.68 mmol/L 后,随着 PS 浓度的继续增加,4-氯酚的降解率维持在 84.3% 左右,不再上升。这说明 PS 和 Fe^{2+} 浓度的继续增大不会显著提高污染物的去除率。因此,后续实验中 PS 浓度暂定为 10 mmol/L,通过调整 Fe^{2+} 浓度,以提高菲的降解率。

5.2 Fe^{2+} 和 PS 浓度对菲降解率的影响

5.2.1 Fe^{2+} 浓度对菲降解率的影响

在菲初始浓度为 53.4 mg/L、PS 浓度为 10 mmol/L 的条件下,探究 Fe^{2+} 浓度对菲降解率的影响,结果如图 5-2 所示。

由图 5-2 可知,不添加 Fe^{2+} 时,反应 72 h 后菲降解率为 31.69%,是由于 PS 中的阴离子 $S_2O_8^{2-}$ 自身具有一定的氧化性,可直接与菲反应。此外,类似于热活化[221],PS 在环境温度(25 ℃)下也能分解,产生自由基($SO_4^- \cdot$ 和 $\cdot OH$)与菲反应。因此,单独添加 PS 也能使部分菲降解。Song 等[222]在采用电子顺磁共振(EPR)进行自由基鉴定时,发现不添加任何活化剂的条件下,PS 的 EPR 光谱中也能出现 $SO_4^- \cdot$ 和 $\cdot OH$ 的信号,证明了 PS 可自身分解产生 $SO_4^- \cdot$ 和 $\cdot OH$。当 Fe^{2+} 浓度从 0 增加至 5 mmol/L 时,菲降解率从 31.69% 增加至 86.12%,是由于 Fe^{2+} 浓度的增加,能活化 $S_2O_8^{2-}$ 生成更多的 $SO_4^- \cdot$,如式(5-1),体系中更多的 $SO_4^- \cdot$ 与菲反应,使得菲降解速率和降解率均持续升高。

$$S_2O_8^{2-} + Fe^{2+} \longrightarrow Fe^{3+} + SO_4^{2-} + SO_4^- \cdot \quad k=20 \text{ L/(mol} \cdot \text{s)} \quad (5-1)$$

$$Fe^{2+} + SO_4^- \cdot \longrightarrow Fe^{3+} + SO_4^{2-} \quad k=4.6 \times 10^9 \text{ L/(mol} \cdot \text{s)} \quad (5-2)$$

当 Fe^{2+} 浓度从 5 mmol/L 增加至 10 mmol/L 时,菲降解率反而从 86.12%

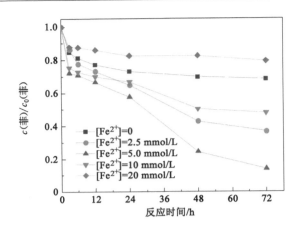

图 5-2　Fe^{2+} 浓度对菲降解的影响

下降至 52.15%，说明高浓度的 Fe^{2+} 会竞争消耗 $SO_4^- \cdot$，如式(5-2)，使得与菲反应的 $SO_4^- \cdot$ 减少，菲的降解速率及降解率均下降。当 Fe^{2+} 浓度继续增加至 20 mmol/L 时，菲的降解被严重抑制，菲在前 3 h 内降解了 12.15%，是由于短时间内大量的 Fe^{2+} 活化 PS 产生的 $SO_4^- \cdot$ 可与菲反应，3 h 后菲几乎不再降解，是由于 Fe^{2+} 与 PS 快速反应，使得 PS 浓度降至很低水平(0.39 mmol/L)，体系氧化性减弱，72 h 后菲降解率仅为 20.63%，比不添加 Fe^{2+} 时降低 11.06%（图 5-2），说明此时 20 mmol/L 的 Fe^{2+} 已严重过量。

图 5-3 为菲降解过程中 PS 浓度及 Fe^{2+} 浓度随时间的变化情况，由图 5-3(a)可知，不添加 Fe^{2+} 时，反应 72 h 后 PS 分解率仅为 9.3%，结合图 5-2 可知，此时菲降解率为 31.69%。且整个反应过程中，PS 的分解速率和菲的降解速率均极其缓慢，说明单独添加 PS 时，PS 不能被活化分解是限制菲降解的主要原因。

当 Fe^{2+} 浓度从 0 增加至 20 mmol/L 时，由图 5-3(a)可知，PS 的分解速率及分解率均一直增大，72 h 后 PS 分解率由 9.3% 增加至 98.91%。说明 Fe^{2+} 可快速活化 PS，并使其分解产生 $SO_4^- \cdot$。同时结合图 5-2 可知，菲降解率并未随着 Fe^{2+} 浓度的增加而一直升高，当 Fe^{2+} 浓度超过 5 mmol/L 后，随着 Fe^{2+} 浓度的增加，菲降解率一直下降。说明体系中产生的 $SO_4^- \cdot$ 被菲以外的其他物质反应消耗了，这些物质包括 Fe^{2+} 和 $S_2O_8^{2-}$ 等[223]。当 Fe^{2+} 或 $S_2O_8^{2-}$ 浓度增大时，其消耗 $SO_4^- \cdot$ 的作用会增强[224]，如式(5-2)和式(5-3)，使得与菲反应的 $SO_4^- \cdot$ 减少，菲降解率下降[225]。

$$S_2O_8^{2-} + SO_4^- \cdot \longrightarrow SO_4^{2-} + S_2O_8^- \cdot \qquad k = 5.6 \times 10^5 \ \text{L/(mol} \cdot \text{s)} \qquad (5-3)$$

$$S_2O_8^{2-} + 2Fe^{2+} \longrightarrow 2Fe^{3+} + 2SO_4^{2-} \qquad (5-4)$$

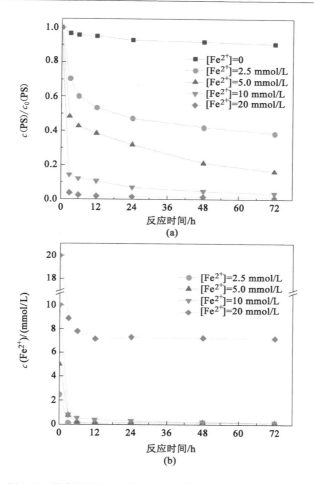

图 5-3　菲降解过程中 PS 浓度(a)及 Fe^{2+} 浓度(b)的变化

结合图 5-3(b)可知,在 Fe^{2+} 活化 PS 降解菲的过程中,Fe^{2+} 浓度变化很快。对于初始浓度为 2.5 mmol/L、5 mmol/L、10 mmol/L 和 20 mmol/L 的 Fe^{2+},3 h 内 Fe^{2+} 浓度分别骤降至 0.17 mmol/L、0.76 mmol/L、0.81 mmol/L 和 8.93 mmol/L,这是因为 Fe^{2+} 与 $SO_4^-\cdot$ 的反应速率常数很大[$k=4.6\times10^9$ L/(mol·s)],短时间内 Fe^{2+} 会与 $SO_4^-\cdot$ 反应生成 Fe^{3+},从而失去活化能力。3 h 后 Fe^{2+} 浓度均处于较低水平,在后续反应阶段,由少量的 Fe^{2+} 来维持 PS 的活化,使得 PS 分解速率变缓,相应地,菲降解速率减小。

此外,对于 Fe^{2+} 初始浓度为 20 mmol/L 的实验组,72 h 后 Fe^{2+} 浓度仍旧较大,为 7.18 mmol/L,而对应的 PS 几乎完全分解,此时菲降解率为 20.63%,低

于不添加 Fe^{2+} 的对照组 31.69%（图 5-2），充分证明 Fe^{2+} 对 $SO_4^- \cdot$ 的竞争消耗抑制了菲的降解。当 Fe^{2+} 浓度为 20 mmol/L，即 $n(PS)/n(Fe^{2+})=1/2$ 时，PS 会被 Fe^{2+} 完全消耗，如式（5-4），降低了 PS 的有效利用率，式（5-4）实质为式（5-1）和式（5-2）之和。由此说明，高浓度 Fe^{2+} 会过度消耗 PS，抑制菲的降解。因此，后续实验中选择最佳的 Fe^{2+} 浓度，即 5 mmol/L，探究 PS 浓度对菲降解的影响。

5.2.2 PS 浓度对菲降解率的影响

在菲初始浓度为 53.4 mg/L、Fe^{2+} 浓度为 5 mmol/L 的条件下，探究 PS 浓度对菲降解率的影响，结果如图 5-4 所示。

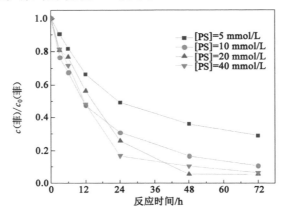

图 5-4 PS 浓度对菲降解率的影响

由图 5-4 可知，当 PS 浓度从 5 mmol/L 增加至 10 mmol/L，即 $n(PS)/n(Fe^{2+})$ 从 1 增加到 2 时，反应 72 h 后菲降解率从 71.13% 升高至 89.25%，这是由于 PS 浓度增加时，溶液中会产生更多的 $SO_4^- \cdot$ 与菲反应，使得菲降解率升高。当 PS 浓度继续增加至 40 mmol/L 时，菲降解率维持在 93%～94% 之间不再升高，这是因为 PS 浓度增加时，产生的 $SO_4^- \cdot$ 增多，而 $SO_4^- \cdot$ 会相互淬灭，形成 $S_2O_8^{2-}$，如式（5-5），导致与菲反应的 $SO_4^- \cdot$ 减少，菲降解率不再升高。Xu 等[226] 在采用 Fe^{2+} 活化 PS 降解 Orange G 的研究中发现，当过硫酸钠浓度从 4 mmol/L 增加至 10 mmol/L 时，Orange G 的降解率维持在 81% 左右，不再增加。Liang 等[227] 也发现在固定的 Fe^{2+} 浓度下，PS 浓度的增加不会促使 2,4-二氯苯氧乙酸(2,4-D)降解率的提高。由此说明过量氧化剂的加入不会显著提升污染物降解率。

$$SO_4^- \cdot \; + \; SO_4^- \cdot \; \longrightarrow S_2O_8^{2-} \quad k=(5.95\sim6.25)\times10^8 \; L/(mol \cdot s) \quad (5-5)$$

此外,整个反应过程中,菲的降解速率不断减小,这是由于随着反应的进行,氧化剂 PS 及污染物菲浓度均不断减小,使得菲与 SO_4^- · 的接触概率降低,菲的降解速率变缓。

图 5-5 为菲降解过程中 PS 浓度随时间的变化。当 PS 浓度为 5 mmol/L 时,72 h 后 PS 已消耗殆尽,对应的菲降解率为 71.13%,说明 5 mmol/L 的 PS 不足以使菲完全降解。当 PS 浓度增加至 10 mmol/L 时,72 h 后 PS 也完全分解,对应的菲降解率提升至 89.25%,说明 PS 浓度的增加,能产生更多的 SO_4^- ·,使菲降解率升高。对于 20 mmol/L 和 40 mmol/L 的 PS,72 h 后 PS 分解率分别为 65.9% 和 44.1%,对应的菲降解率分别为 94.53% 和 93.58%,说明此时 PS 已过量,由于 Fe^{2+} 浓度已很低,PS 不再分解。

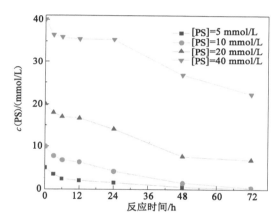

图 5-5 菲降解过程中 PS 浓度的变化

此外,由图 5-5 可知,初始反应阶段(前 3 h)Fe^{2+} 与 PS 反应较快,PS 会有较大程度的分解,且 PS 浓度从 5 mmol/L 增加至 20 mmol/L 时,其分解速率依次增加。在 3~24 h 内,PS 分解速率相对较缓,这是因为 Fe^{2+} 活化 PS 后转化为 Fe^{3+},失去活化能力,反应体系中没有足量的 Fe^{2+} 活化 PS。在 24~48 h 内,PS 分解速率有所提升,分析其原因可能是:① PS 反应后溶液中 H^+ 浓度增加,pH 下降,从而抑制 Fe^{2+} 的水解沉淀,使溶液中 Fe^{2+} 浓度略微增加,且酸性条件下 PS 分解速率更快;② 菲氧化过程中会产生菲醌,而醌类物质能促使 Fe^{3+} 转化为 Fe^{2+},Fe^{2+} 浓度的升高又会促进 PS 的分解[228];③ Fe^{3+} 与 $S_2O_8^{2-}$ 的反应也会促使 Fe^{3+} 向 Fe^{2+} 转化,如式(5-6),同时也生成一种氧化还原电位较低的自由基 $S_2O_8^-$ ·。

$$S_2O_8^{2-} + Fe^{3+} \longrightarrow Fe^{2+} + S_2O_8^- \cdot \tag{5-6}$$

在考察菲降解率 $\eta(PHE)$ 的同时,也需考虑氧化剂 PS 的消耗量,因此用降解效率来衡量菲的降解及 PS 的消耗情况。降解效率可定义为去除 1 mol 菲所消耗 PS 的量[229],即 $\Delta PS/\Delta PHE$,也可以理解为 PS 的有效利用率,即 $\Delta PS/\Delta PHE$ 值越小,降解效率越高。

如表 5-1 所示,在 PS 浓度为 10 mmol/L 时,随着 Fe^{2+} 浓度的增加,由于 Fe^{2+} 竞争消耗 SO_4^-·,导致 PS 有效利用率下降,$\Delta PS/\Delta PHE$ 大幅增加,菲降解效率一直下降。在固定 Fe^{2+} 浓度为 5 mmol/L 时,随着 PS 浓度的增加,从 $\Delta PS/\Delta Fe^{2+}$ 值可看出,一定量的 Fe^{2+} 可活化的 PS 总量增加。就菲的降解情况而言,$\eta(PHE)$ 从 71.13% 升高至 94% 左右,但 $\Delta PS/\Delta PHE$ 值也一直增加,说明菲降解效率有所下降。

表 5-1　不同 Fe^{2+} 和 PS 浓度下菲降解效率的比较

$c(PS)$ /(mmol/L)	$c(Fe^{2+})$ /(mmol/L)	PS/Fe^{2+}/PHE /mol	$\Delta PS/\Delta Fe^{2+}$	$\Delta PS/\Delta PHE$	$\eta(PHE)$ /%
10	0	100/0/3	—	9.89	31.70
	2.5	100/25/3	2.57	32.64	63.21
	5	100/50/3	1.72	32.64	86.12
	10	100/100/3	0.98	62.13	52.15
	20	100/200/3	0.77	160.9	20.63
5	5	50/50/3	0.99	22.52	71.13
10		100/50/3	1.72	32.64	86.12
20		200/50/3	2.69	46.87	94.53
40		400/50/3	3.60	63.32	93.58

因此实际应用中,考虑到成本效益和环保效益,不宜为了追求很高的降解率而选择过高的 PS 浓度,综合考虑 PS 消耗量及 $\eta(PHE)$,确定最佳组合为:PS 浓度为 10 mmol/L,Fe^{2+} 浓度为 5 mmol/L,此时 $\eta(PHE)$ 为 89.25%,$\Delta PS/\Delta PHE$ 值为 36.48。Liang 等[229]同样在 $n(PS)/n(Fe^{2+})=2$ 的条件下进行四氯乙烯 (PCE)降解实验,发现 $\Delta PS/\Delta PCE$ 值在 10.64 左右,本实验中 $\Delta PS/\Delta PHE$ 值更大,是因为菲的正辛醇-水分配系数($K_{ow}=4.57$)比四氯乙烯的正辛醇-水分配系数($K_{ow}=2.88$)大,溶解度较小,且菲的芳环结构含有大 π 键,更难被氧化开环。因此,去除单位量的菲所消耗的氧化剂更多。

5.3　菲的降解动力学

PS 与菲反应的实质为 $S_2O_8^{2-}$ 或其分解产生的 SO_4^- · 和 · OH 与菲分子间的相互作用,菲的降解速率与菲浓度、PS 浓度均有关,本质并非一级反应。但由于氧化过程中,与菲浓度相比,氧化剂 PS 浓度较大且变化较小,可将其视为常数,菲的降解在宏观上表现为一级反应,即拟一级反应。

因此,PS 对菲的降解过程可按拟一级反应动力学模型拟合,该模型假设氧化剂浓度恒定,只有目标污染物浓度随时间变化。反应速率常数 k 可用式(5-7)表示:

$$-\mathrm{d}c/\mathrm{d}t = kc \qquad (5\text{-}7)$$

式(5-7)积分可转化为:

$$\ln(c/c_0) = -kt \qquad (5\text{-}8)$$

式中,c_0 为初始时菲的浓度,mg/L;c 为 t 时刻菲的浓度,mg/L;k 为反应速率常数,h^{-1}。

图 5-6(a)、(b)分别为不同 Fe^{2+} 浓度、不同 PS 浓度下,菲降解过程的动力学拟合,从拟合结果可看出,菲的降解过程符合拟一级反应动力学。

由表 5-2 可知,在固定 PS 浓度为 10 mmol/L 条件下,当 Fe^{2+} 浓度从 0 增加至 5 mmol/L 时,由于 Fe^{2+} 活化 PS 产生的 SO_4^- · 增多,反应速率常数 k 从 0.002 9 h^{-1} 增加至 0.025 1 h^{-1};随着 Fe^{2+} 浓度继续增加至 20 mmol/L 时,由于 Fe^{2+} 竞争消耗 SO_4^- · 作用加剧,菲降解速率下降,k 降低至 0.001 4 h^{-1}。在固

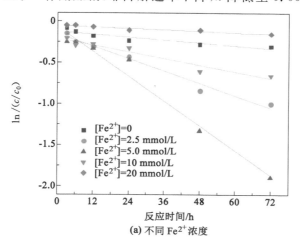

(a) 不同 Fe^{2+} 浓度

图 5-6　Fe^{2+} 活化 PS 降解菲的动力学拟合结果

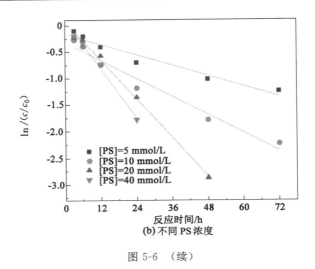

图 5-6 （续）

定 Fe^{2+} 浓度为 5 mmol/L 条件下，当 PS 浓度由 5 mmol/L 增加至 40 mmol/L 时，由于产生 SO_4^- · 的增多，菲的降解速率加快，k 从 0.016 3 h^{-1} 增加至 0.076 8 h^{-1}。曾彪[230]在采用 Fe_3O_4 活化 PS 降解多氯联苯的实验中也发现，多氯联苯在慢反应阶段的降解符合拟一级动力学，k 在 0.05～0.08 h^{-1} 范围内。Chen 等[231]在用 V_2O_3 活化 PS 降解菲的研究中，也发现菲的降解符合拟一级动力学，且 k 在 0.012～0.12 min^{-1} 内。由于活化剂或目标污染物的不同，反应速率常数会有所差异。

表 5-2　不同 Fe^{2+} 和 PS 浓度下菲降解的动力学参数

$c(PS)$ /(mmol/L)	$c(Fe^{2+})$ /(mmol/L)	菲降解动力学方程	k /h^{-1}	R^2
10	0	$y = -0.002\,9x - 0.122\,2$	0.002 9	0.845 9
	2.5	$y = -0.012\,5x - 0.153\,8$	0.012 5	0.976 3
	5	$y = -0.025\,1x - 0.066\,6$	0.025 1	0.975 5
	10	$y = -0.006\,7x - 0.210\,1$	0.006 7	0.934 4
	20	$y = -0.001\,4x - 0.052\,9$	0.001 4	0.898 7
5	5	$y = -0.016\,1x - 0.163\,5$	0.016 3	0.949 6
10		$y = -0.028\,3x - 0.322\,4$	0.028 3	0.969 2
20		$y = -0.060\,8x + 0.074\,2$	0.060 8	0.996 1
40		$y = -0.076\,8x + 0.101\,3$	0.076 8	0.989 1

5.4　活性自由基的鉴定

为了鉴定 PS 氧化菲过程中的自由基类型，采用乙醇（EtOH）、叔丁醇（TBA）作为分子探针，利用二者与不同自由基间反应速率的差异来判别自由基的种类。由于 EtOH（含 α—H）能有效淬灭 $SO_4^-\cdot$ [$k=1.6\sim7.7\times10^7$ L/(mol·s)]和 $\cdot$OH[$k=1.2\sim2.8\times10^9$ L/(mol·s)]，而 TBA（不含 α—H）仅能有效淬灭 $\cdot$OH[$k=3.8\sim7.6\times10^8$ L/(mol·s)]，较难淬灭 $SO_4^-\cdot$ [$k=4.0\sim9.1\times10^5$ L/(mol·s)][224]。因此，实验中加入过量淬灭剂[n(淬灭剂)/n(氧化剂)＝500/1]，根据菲降解受抑制的程度，推测出自由基类型。若 EtOH 体系和 TBA 体系中菲降解受抑制程度差别不大，说明反应体系中主要为 $\cdot$OH；若 TBA 体系中菲降解受抑制程度远小于 EtOH 体系，说明反应体系中主要为 $SO_4^-\cdot$。

如图 5-7 所示，加入 EtOH 和 TBA 后，菲的降解均明显受到抑制。加入 TBA 后，菲降解率下降到 24.47%，明显小于对照组 89.25%，菲降解率受抑制程度为 64.78%，说明溶液中有大量 $\cdot$OH 生成；加入 EtOH 后，菲降解率下降到 18.83%，EtOH 的抑制作用比 TBA 更明显，说明溶液中除了 $\cdot$OH 外，还有 $SO_4^-\cdot$ 生成。由 EtOH 和 TBA 对自由基的淬灭特性可知，两体系中菲降解率的差异主要归因于是否有 $SO_4^-\cdot$ 存在。本实验中 EtOH 体系和 TBA 体系对应的菲降解率仅相差 5.64%，说明 Fe^{2+} 活化 PS 降解菲的过程中，$SO_4^-\cdot$ 作用较小，而 $\cdot$OH 为主导自由基。其中 $SO_4^-\cdot$ 由 Fe^{2+} 活化 $S_2O_8^{2-}$ 生成，如式(5-1)，$\cdot$OH 由溶液中的 $SO_4^-\cdot$ 与 OH^- 或 H_2O 反应生成，如式(5-9)和式(5-10)。Han 等[224]在用 Fe^{2+} 活化 PS 降解苯胺的研究中，也发现 $\cdot$OH 为主导自由基，与本实验结论一致。

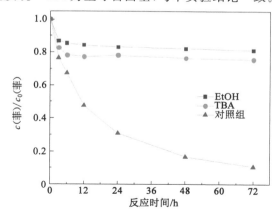

图 5-7　自由基淬灭剂对菲降解的影响

$$SO_4^- \cdot + OH^- \longrightarrow \cdot OH + SO_4^{2-} \quad k = (5.5 \sim 7.5) \times 10^7 \ L/(mol \cdot s) \quad (5\text{-}9)$$
$$SO_4^- \cdot + H_2O \longrightarrow SO_4^{2-} + \cdot OH + H^+ \quad k < 2 \times 10^7/s \quad (5\text{-}10)$$

5.5　溶液中溶解有机碳含量的变化

菲的氧化降解是逐步进行的,菲在 PS 作用下会生成一系列中间产物,直至完全矿化为 CO_2。因此溶液中溶解有机碳(DOC)含量能反映出菲的矿化情况。此外,对于后续菲的微生物降解,DOC 含量也能反映出菲的生物利用度。菲的低水溶性是菲可生化性低的一个主要原因,因此通过氧化增加菲及其中间产物在水中的溶解度,可提高菲的可生化性。

如图 5-8 所示,未添加 PS 时,溶液中 DOC 值为 1.13 mg·C/L,此时溶液 DOC 值由菲的溶解度决定,初始 DOC 值与菲在水中溶解度 1.18 mg/L(20 ℃)十分接近。添加 PS 后,菲被迅速降解,生成一系列水溶性的含氧多环芳烃,此时溶液 DOC 值由菲的溶解度及氧化中间产物的含量共同决定。反应初始阶段,溶液中 DOC 一直增加,随着时间的推移,由于 PS 浓度逐渐降低,菲降解速率减小,DOC 增长速率逐渐变缓,在 48 h 时 DOC 达最大值 25.36 mg·C/L,说明此过程中中间产物有累积。48 h 后 DOC 出现下降趋势,说明溶液中部分有机物被矿化为 CO_2,但 72 h 反应结束时(PS 残余量小于 0.3 mmol/L),溶液中 DOC 值仍保持在 17.8 mg·C/L,此时,菲的剩余浓度为 5.7 mg/L,理论上其对应的有机碳含量为 5.38 mg·C/L。

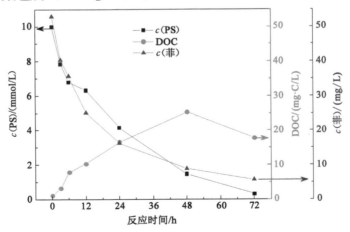

图 5-8　溶液中剩余的菲、PS 及 DOC 浓度随时间的变化

若不考虑溶液中氧化中间产物(水溶性有机物)对菲增溶的影响[232],则反

应结束时,体系中总有机碳(TOC)可近似被认为是菲的有机碳(5.38 mg·C/L)与 DOC(17.8 mg·C/L)之和,即 23.18 mg·C/L。但事实上,所测 DOC 中含有少量溶解的菲,会导致计算的 TOC 值偏大,进而使算出的矿化率略微偏小。

以总有机碳为基准,理论上初始溶液中 53.4 mg/L 菲对应的总有机碳为 50.02 mg·C/L,则可按式(5-11)近似估算出菲的矿化率,计算结果为 53.66%。

$$矿化率 = 1 - TOC/TOC_0 \tag{5-11}$$

式中,TOC_0 和 TOC 分别为初始和反应结束时溶液中的总有机碳含量,mg·C/L。

反应 72 h 后,菲的去除率可达 89.25%,但矿化率仅为 53.66%,说明自由基主要与母体化合物菲反应,而较少与其中间产物反应,这是因为:① $SO_4^-·$ 能选择性氧化 π 电子非芳香化合物或芳香类化合物[233];② 与菲相比,中间产物的浓度较低,其与 $SO_4^-·$ 和·OH 反应速率较小,因此氧化过程中 $SO_4^-·$ 和·OH 主要与目标污染物菲反应。Xu 等[226]在采用 Fe^{2+} 活化 PS 降解 Orange G 的研究中发现,30 min 时 Orange G 去除率可达 99%,但 TOC 去除较慢,在 10 h 时才能达 90%;刘杨等[234]在用 TiO_2 催化 PS 降解罗丹明的实验中发现,60 min 时罗丹明去除率可达 96.4%,但 TOC 仅下降 34.4%。通过对比此类研究中污染物的去除率及矿化率可知,氧化过程中 $SO_4^-·$ 和·OH 会优先与母体化合物反应,而与中间产物的反应有所滞后。

5.6 菲氧化中间产物的鉴定

由溶液中 DOC 含量的变化可知,菲在 PS 氧化作用下并未完全矿化,溶液中有中间产物积累,为进一步确定中间产物的类型,通过 GC-MS 对菲的氧化中间产物进行定性分析。图 5-9 为反应 72 h 后菲氧化中间产物对应的质谱图。通过与 GC-MS 标准谱库(NIST)比对,发现中间产物主要包括苯甲醚、2-甲基萘和邻苯二甲酸二丁酯。

根据 GC-MS 所鉴定出的中间产物,推测菲在 Fe^{2+}/PS 作用下的可能降解路径。根据芳香六隅体理论,以单个完整苯环存在的结构更稳定,此部分反应性较差,因此可认为菲的分子中含有两个完整的苯环,其余键以双键(C═C)形式存在,即菲的 9,10 位。所以,发生氧化反应时,菲的 9,10 位更易被攻击。在 $SO_4^-·$ 和·OH 作用下,菲的 9,10 位发生羟基化反应生成 9,10-菲二醇,由于含烯醇式结构的 9,10-菲二醇不稳定,会互变异构成含羰基的 9,10-菲醌,之后通过氧化开环后生成邻苯二甲酸,邻苯二甲酸在 $SO_4^-·$ 和·OH 作用下,与小分子短链碳反应生成邻苯二甲酸二丁酯。

类似地,菲的 2,3 位也会发生羟基化反应生成 2,5-菲醌,2,5-菲醌经氧化开

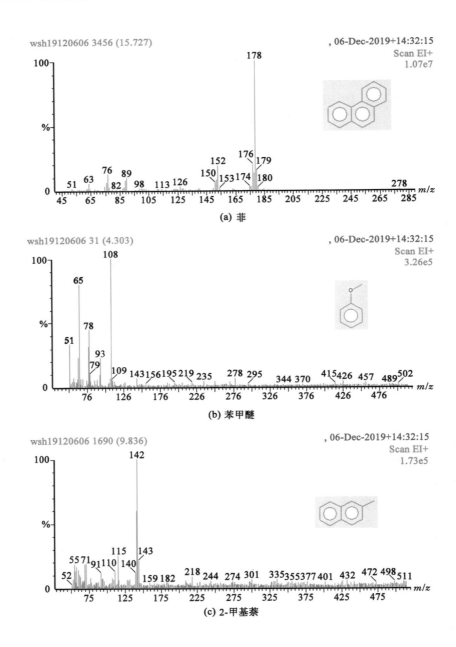

图 5-9 菲的氧化中间产物质谱图

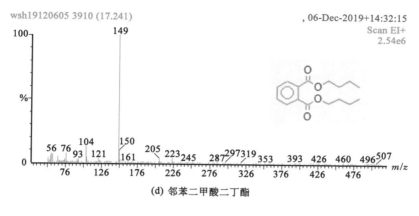

图 5-9　（续）

环后通常会生成萘甲酸，由此推测本实验中鉴定出的 2-甲基萘与萘甲酸的形成有关。之后这些单环或两环类物质进一步发生羟基化反应，并氧化开环后生成小分子有机酸，进而被矿化为 CO_2 和 H_2O。

5.7　本章小结

本章主要探究了水相中亚铁活化过硫酸盐降解菲的过程及作用机理，主要结论包括：

（1）PS 及 Fe^{2+} 浓度会显著影响菲的降解率，通过实验确定最佳降解条件为：$c(PS) = 10\ mmol/L, c(Fe^{2+}) = 5\ mmol/L$。此时菲的降解率为 89.25%，PS消耗率可达 97%。通过计算得出，最佳降解条件下，去除 1 mol 菲所需的 PS 量约为 32.64～36.48 mol。

（2）在不同的 PS 及 Fe^{2+} 浓度下，菲的降解均遵循拟一级反应动力学模型，其反应速率常数 k 在 0.002 9～0.076 8 h^{-1} 范围内。当固定 PS 浓度时，随着 Fe^{2+} 浓度的增加，k 呈现先增大后减小的趋势；当固定 Fe^{2+} 浓度时，随着 PS 浓度的增加，k 一直增大。

（3）选用乙醇和叔丁醇作为淬灭剂，通过分子探针实验对活性自由基进行鉴定。结果表明，Fe^{2+} 活化 PS 降解菲的过程中存在 $SO_4^- \cdot$ 和 $\cdot OH$，且 $\cdot OH$为主导自由基。

（4）在最佳降解条件下，整个反应过程中 PS 浓度与菲浓度变化趋势一致，而溶液中溶解有机碳（DOC）的含量呈现先增加后降低的趋势，48 h 时 DOC 达最大值 25.36 mg·C/L，反应结束时（72 h），DOC 值为 17.8 mg·C/L，说明有中间产物积累,此时菲的矿化率约为 53.66%。

(5) 通过 GC-MS 对菲的氧化中间产物进行鉴定,结果表明,中间产物主要包括苯甲醚、2-甲基萘和邻苯二甲酸二丁酯等。由此推测 $SO_4^-\cdot$ 和 $\cdot OH$ 主要攻击菲的 9,10 位,生成 9,10-菲醌,之后再进一步氧化开环,直至转化成 CO_2 和 H_2O。

6 2,6-YD-Fe/C-PMS 降解 OPAHs 的性能及机理

本章旨在评估铁离子负载量、pH 值、PMS 浓度和催化剂添加量对 9-芴酮、9,10-蒽醌降解效果的影响，探究 2,6-YD-Fe/C-PMS 的最佳氧化条件及其降解机理。采用 EPR 检测 2,6-YD-Fe(3%)活化 PMS 过程中的自由基类型，推测其氧化降解机理。

6.1 铁离子负载量对 9-芴酮、9,10-蒽醌降解的影响

本研究在 9-芴酮、9,10-蒽醌的初始浓度均为 5 mg/L、PMS 浓度为 5 mmol/L、催化剂投加量为 0.1 g/L、pH 为 5 的条件下，针对铁离子负载量设置 0.5%、1%、3%、5% 和 10% 五个对照组，获得的实际负载量为 0.14%、0.23%、2.66%、3.56% 和 5.79%，在 30 ℃ 下反应 120 min，探究 2,6-YD-Fe/C 催化活化 PMS 氧化 9-芴酮和 9,10-蒽醌的最佳铁离子负载量。2,6-YD-Fe 催化活化 PMS 降解污染物的剩余浓度如图 6-1 所示。

从图 6-1(a)可以看出：催化剂铁离子负载量为 0.14%、0.23%、2.66%、3.56%、5.79% 条件下，120 min 氧化后 9-芴酮剩余浓度分别为 3.9 mg/L、3.3 mg/L、1.8 mg/L、2.3 mg/L 和 3.6 mg/L，相应的降解率分别为 14.3%、23.2%、53.2%、46.4% 和 17.3%。当 2,6-YD-Fe/C 上铁离子负载量为 2.66% 时，9-芴酮降解效果最佳。

从图 6-1(b)可以看出：催化剂铁离子负载量为 0.14%、0.23%、2.66%、3.56%、5.79% 条件下，120 min 氧化后 9,10-蒽醌剩余浓度分别为 3.15 mg/L、3.06 mg/L、2.8 mg/L、3.28 mg/L 和 3.05 mg/L，相应的降解率分别为 13.2%、15.6%、23.1%、9.7% 和 16%。当 2,6-YD-Fe /C 上铁离子负载量为 2.66% 时，9,10-蒽醌降解效果最佳。考虑降解效果及铁离子实际负载率后选择理论铁离子负载量为 3% 的 2,6-YD-Fe 材料进行后续实验。

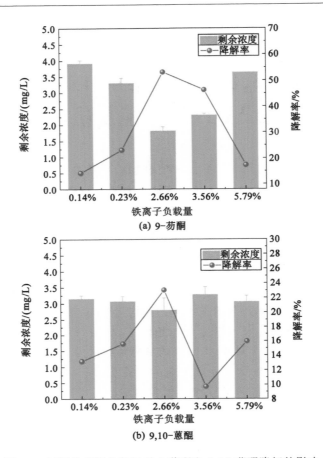

图 6-1　不同铁离子负载量对 9-芴酮和 9,10-蒽醌降解的影响

6.2　氧化条件的优化实验

6.2.1　初始 pH 值对 9-芴酮降解的影响

本节考察了降解体系不同初始 pH 值对降解效率的影响,并探究 2,6-YD-Fe(3％)催化活化 PMS 氧化 9-芴酮的最佳 pH 值,pH 值设置 3、5、7 和 9 四个梯度,30 ℃下反应 120 min 后 9-芴酮的剩余浓度如图 6-2 所示。

本研究考察了不同 pH 值下 2,6-YD-Fe(3％)催化活化 PMS 降解 9-芴酮的效果,结果如图 6-2 所示。随着氧化时间延长,9-芴酮的去除效果逐渐增强,尤其是 pH＝5 时氧化效果最好,降解率为 53.2％。氧化 120 min 后体系的 pH 值

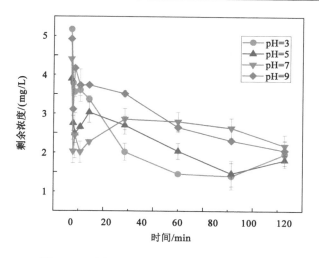

图 6-2 不同初始 pH 值对 9-芴酮降解的影响

均下降到 2.5 左右,该现象是由于反应开始后形成了 $Fe(OH)_3$ 沉淀[235,236]。1～10 min 内出现了反弹,推测是由于反应前期 9-芴酮被降解成的中间产物的浓度突然增加,反应向逆方向进行,重新生成了部分 9-芴酮,考虑到实际应用,后续实验初始 pH 值可调整为 5。

6.2.2 氧化剂浓度对 9-芴酮降解的影响

石油烃浓度越高的土壤,往往需要的氧化剂剂量更高,Fe^{2+} 在活化 PMS 过程中极易被氧化成 Fe^{3+},且过量的 Fe^{2+} 会与 $SO_4^- \cdot$ 发生猝灭反应[237],除了会降低处理效果,还会导致氧化剂的非生产性消耗,不可避免地增加了所需的氧化剂量,这会增加成本。本研究为了探究 2,6-YD-Fe(3%)催化活化 PMS 氧化 9-芴酮的最佳氧化剂需求量,PMS 浓度设置 2 mmol/L、5 mmol/L、10 mmol/L 和 20 mmol/L 四个梯度,30 ℃下反应 120 min 后 9-芴酮剩余浓度如图 6-3 所示。

从图 6-3 可以看出,当 PMS 的浓度为 5 mmol/L 时,9-芴酮在 90 min 时降解率可达 58.67%,在 120 min 内降解率可达 53.2%,随着 PMS 的浓度从 2 mmol/L 增加至 20 mmol/L,污染物在 120 min 内基本能够被完全降解,降解率可达 88.1%。以上结果说明,随着 PMS 浓度增加,9-芴酮的降解速率提高,主要原因是:氧化剂用量的增加,使得反应体系中参与氧化反应的活性物质越来越多,有助于其与污染物接触,从而使得 9-芴酮去除速率加快[237]。考虑修复成本和降解效果后选择 PMS=5 mmol/L 进行后续实验。

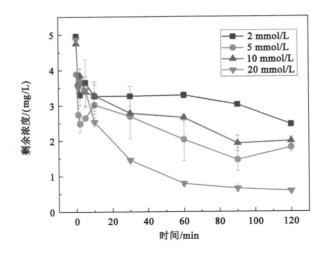

图 6-3　不同 PMS 浓度对 9-芴酮降解的影响

6.2.3　催化剂 2,6-YD-Fe/C 投加量对 9-芴酮降解的影响

　　由于制备的过渡金属负载碳催化剂基本为粉末状,所以粉末状催化剂投加在有机废水中存在难以回收、处理成本高以及造成二次污染等缺陷。为了保证最佳催化效果和降低回收难度,本研究在 pH＝5、PMS 浓度为 5 mmol/L、9-芴酮初始浓度为 5 mmol/L 条件下,针对催化剂投加量设置 0.05 g/L、0.1 g/L、0.2 g/L、0.5 g/L 和 1 g/L 五个对照组,在 30 ℃下反应 120 min,探究 2,6-YD-Fe(3％)催化活化 PMS 氧化 9-芴酮的最佳催化剂投加量。2,6-YD-Fe(3％)催化活化 PMS 降解污染物的剩余浓度如图 6-4 所示。

　　从图 6-4 可以看出,氧化降解 120 min 后,2,6-YD-Fe/C 投加量为 0.1 g/L 时,9-芴酮的降解率为 53.2％,将催化剂投加量继续增加至 1 g/L 时,污染物去除率为 60.1％。这是因为随着催化剂的增加,反应体系中能被用来活化氧化剂的活性位点随之增加,从而促进了电子转移速率或者活性物质产生速率的增加,有助于 9-芴酮降解速率的加快。对比 0.1 g/L 和 1 g/L 的投加量,催化剂的量增加了 9 倍,但降解率仅增加了 6.9％,催化剂投加量与 9-芴酮去除效果不成正比。这可能是因为过量的 2,6-YD-Fe/C 会跟体系中产生的 $^1O_2$ 反应,竞争消耗了一部分参与反应的活性物质,从而限制了 9-芴酮的去除效果[238]。考虑成本和有效降解率后可选择添加量为 0.1 g/L 进行后续实验。

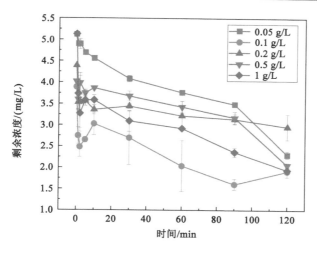

图 6-4   不同催化剂投加量对 9-芴酮降解的影响

6.3   催化剂的表征

6.3.1   表观形貌和元素分析(SEM-EDS)

图 6-5(a)和(b)为催化剂 2,6-YD-Fe(3%)的 SEM 图谱,可以看到碳材料呈大小均匀棒状或球状,粒径在 500 nm 左右,材料表面镂空结构分布广泛且遍布大量缺陷空位,说明样品具有较大的比表面积和较多的吸附位点。

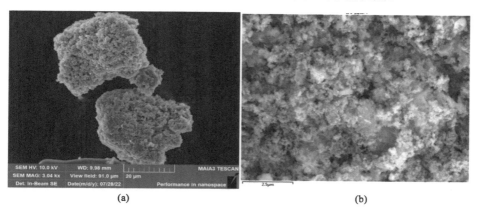

图 6-5   材料 2,6-YD-Fe(3%)的 SEM 图

图 6-6 为 2,6-YD-Fe(3％)的 EDS 图谱,可以看出 2,6-YD-Fe(3％)中 C、O、S、N、Fe 和 Zn 分布均匀,其中 C 含量 65.14％,N 含量 19.12％,O 含量 2.44％,S 含量 5.86％,Fe 含量 2.71％,Zn 含量 4.73％,其中 Zn 是模板剂,清洗不充分出现残留。Fe 的含量接近 3％,与实验最初设想贴合,说明 Fe⁰ 与 BC 成功结合。与此同时,结合图 6-6(b)和(c)元素分布图中 C 元素的 K 线和 Fe 元素的 L 线可以看出,所制备的材料中铁(Fe)、碳(C)分布均匀且均匀地掺杂在一起,并未发生团聚。证明 Fe/BC 可以有效避免 Fe⁰ 极易出现的团聚现象,为其在土壤中的传递打下了良好的基础。

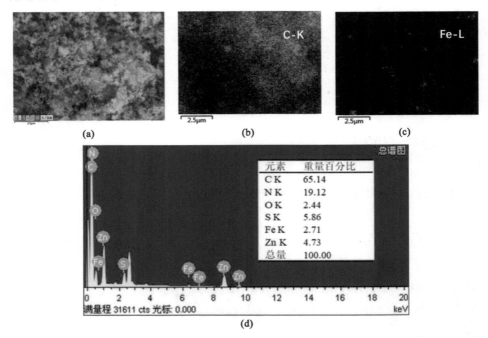

图 6-6　材料 2,6-YD-Fe(3％)的 EDS 谱图

6.3.2　表面官能团分析(FTIR)

图 6-7 所示是所制 2,6-YD-Fe(3％)的红外谱图,561 cm⁻¹ 处吸收峰尖锐,查阅文献可知该处吸收峰属于尖晶石结构铁氧体的四面体群振动[239],而 465 cm⁻¹ 处属于八面体群振动的峰消失,说明制备的 2,6-YD-Fe(3％)材料晶型发生了改变[240]。749 cm⁻¹ 附近观察到的吸收峰与金属-氧或金属-羟基基团振动有关[241]。2 852 cm⁻¹ 处和 2 920 cm⁻¹ 处分别出现了 C—H 的对称振动和不

对称振动;3 437 cm^{-1}附近的吸收峰来自吸附水中的—OH 的拉伸振动,其余较弱的峰可能是其他一些含氧官能团引起的[242],由于高温煅烧,基本没有有机基团的特征吸收峰存在。1 182 cm^{-1}和 1 584 cm^{-1}附近处的吸收峰,分别可能属于 C—O 和 C=C 键的骨架弯曲振动[242];1 652 cm^{-1}处的 C—O 键的吸收峰被破坏,说明经 Fe 处理后的 2,6-YD,形成了 Fe—C—O 键[243],有助于污染物上的电子凭借催化剂转移至 PMS[240]。

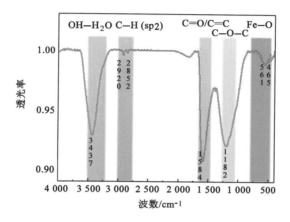

图 6-7   催化剂 2,6-YD-Fe(3%)的红外光谱

6.3.3   催化剂的元素组成及价态分布(XPS)

(1)XPS 全谱分析

对材料的元素组成和价态分布进行定性定量分析,2,6YD-Fe(3%)的 XPS 全谱图如图 6-8 所示,各元素含量占比如表 6-1 所示。从表 6-1 中可知,材料表面的主要元素组成为 C1s、O1s、N1s 和 Al2p,占比分别为 57.79%、22.22%、10.38%和 5.97%,Fe2p 并未在全谱图中出现有可能是含量过低未检测到,故继续针对 2,6YD—Fe(3%)进行 C,N,S,Cl,Fe 和 Zn 元素的窄扫。

(2)XPS 窄谱分析

图 6-9(a)Fe2p 窄谱显示,在 Fe2p$_{3/2}$轨道,结合能位于 710.5 eV 和 714.7 eV 的峰分别属于 Fe^{2+}2p$_{3/2}$和 Fe^{3+}2p$_{3/2}$,在 Fe2p$_{1/2}$轨道,结合能位于 710.5 eV 和 714.7 eV 的峰分别属于 Fe^{2+}2p$_{1/2}$和 Fe^{3+}2p$_{1/2}$,结合能位于 719.2 eV 和 727.8 eV 的峰均是卫星峰。Fe 的掺杂可以为 2,6-YD/C 活化 PMS 提供更多的活性位点,低价态的 Fe 在反应过程中可以提供电子并生成介于+2 价和+3 价的 Fe 形态。

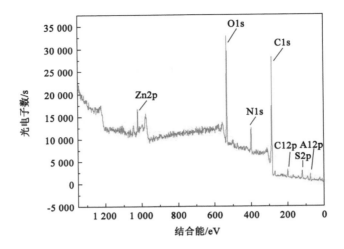

图 6-8　催化剂 2,6-YD-Fe(3%)的 XPS 全谱图

表 6-1　催化剂 2,6-YD-Fe(3%)表面元素含量

样品	C1s	O1s	N1s	Zn2p	Al2p	Cl2p	S2p
YD-Fe(3%)	57.79%	22.22%	10.38%	1.58%	5.97%	1.75%	0.31%

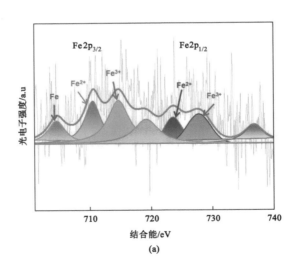

(a)

图 6-9　催化剂 2,6-YD-Fe(3%)的 XPS 窄谱图

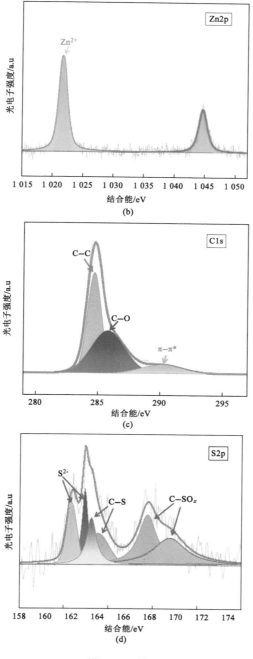

图 6-9   （续）

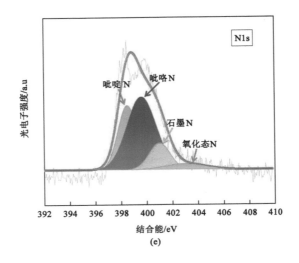

图 6-9 （续）

图 6-9(b)Zn2p 窄谱显示,结合能位于 1 022.2 eV 和 1 045.1 eV 的峰分别属于 $Zn^{2+}2p_{3/2}$ 和 $Zn^{2+}2p_{3/2}$,表明 Zn 以 ZnS 金属硫化物的形式存在,其价态为 +2,没有单质存在。在氧化过程中,Zn 充当了电子受体,占据了部分电子。

图 6-9(c)C1s 窄谱显示,结合能位于 284.8 eV 和 285.8 eV 的峰分别对应于 C—C 键和 C—O 键,这与 FTIR 结果相吻合,在约 290.1 eV 的能量范围内,还观察到了共轭作用引起的 π—π^{*} 跃迁。此外,C—C 键的峰占比较大,说明高温煅烧可能导致 C—C 键断裂,形成部分碳缺陷。

图 6-9(d)S2p 窄谱显示,结合能位于 164 eV 和 163.5 eV 的峰均对应 C—S 峰,结合能位于 161.9 eV 和 163 eV 的峰对应于 S^{2-},结合能位于 167.8 eV 和 169.5 eV 的峰对应于C—SO_x,表明部分 S 在反应过程中未被氧化,会夺取电子,从而对反应产生不利影响。

图 6-9(e)N1s 窄谱显示,催化剂中的 N 主要由氧化态 N(Oxidation N,约 402.9 eV)、石墨 N(graphitic N,约 401.0 e V)、吡咯 N(pyrrolic N,399.6 eV)和吡啶 N(pyridinic N,约 398.5 eV)共同组成[244]。其中,具有催化活性的吡啶 N 占据主要地位。此外,当吡啶 N 和吡咯 N 的总含量在 65% 左右时,能够形成稳定的金属-氮(M-N_x)位点,因此 2,6-YD-Fe/C 中的 Fe-N_x 位点较为稳定[244,245]。这四种不同形态的 N 都可以不同程度地提供电子,并参与活化反应。

6.4　活化机理分析

从图 6-10(a)中可以看到,加入 DMPO 后并没有出现 DMPO-SO$_4^-$·1∶1∶1∶1∶1∶1 的特征峰或者 DMPO-HO·1∶2∶2∶1 的特征峰,说明该催化体系中,SO$_4^-$·和 HO·均不是主要活性物种,因此得出 2,6-YD-Fe/C-PMS 反应体系没有产生 SO$_4^-$·或者 HO·。

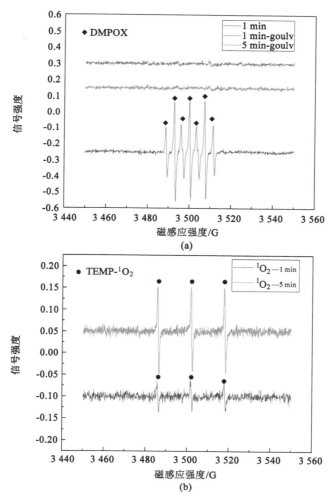

图 6-10　催化剂 2,6-YD-Fe/C-PMS 降解体系的 EPR 图谱

如图 6-10(b)所示,单线态氧自由基测试正常,$^1O_2$ 在 1 min 时信号峰比较弱,在 5 min 时可以观察到一个显著的 EPR 信号。在加入 TEMP 后出现了关于 $^1O_2$ 的 1∶1∶1 特征峰,这与 TEMP 和 $^1O_2$ 形成的 TEMP-$^1O_2$[246] 加合物(TEMPN)的特征峰相同[247]。根据这些结果可以推断,2.6-YD-Fe/C-PMS 体系产生了 $^1O_2$ 这种活性物质。此外,Wu 等[248] 的研究证实,在催化剂上掺杂 Fe 元素可以提高碳原子的正电荷密度,从而有助于 PMS 通过亲核加成作用产生 $^1O_2$。

据记载,单线态氧($^1O_2$)作为温和且具有选择性的氧化物质,可以从 $CoMn_2O_4$[246] 或 Cu/Fe_3O_4 复合材料[249] 激活的 PMS 中产生,并对富电子化合物表现出高反应性。Ahn 等[250] 和 Zhang 等[251] 也报道了在表面负载的金属-PMS 和 CuO-PDS 系统中,有机化合物的存在加速了 PMS 的分解,其中并没有产生自由基,而是产生了反应性的络合物,并通过直接电子转移进行有机化合物降解。因此,可以推测 2,6-YD-Fe/C 催化活化 PMS 对 9-芴酮、9,10-蒽醌的降解主要依靠 $^1O_2$ 和电子转移。

6.5 氧化机理

PMS 结合在 2.6-YD-Fe/C 催化剂的表面活性位点上,通过取代表面羟基形成 PMS-FeO 配合物[252],然后通过 $^1O_2$ 路径和电子转移路径导致 9-芴酮、9,10-蒽醌氧化和 PMS 分解。

PMS 和有机污染物结合在 2.6-YD-Fe/C 催化剂的表面活性位点上,电子转移路径就是将吸附在碳材料上污染物自身的电子转移到 PMS 上,PMS 获得电子,导致 O—O 键断裂,生成 SO_4^{2-} 和 OH−。同时吸附在碳材料上的有机污染物失去电子,随着电子转移路径的进行,污染物持续失去电子导致结构失衡,最终导致 9-芴酮和 9,10-蒽醌的氧化分解。

$^1O_2$ 路径则是利用碳材料中某些化合键(如 C=O 基团)在 PMS 活化过程中发生亲核加成,生成 $^1O_2$,$^1O_2$ 具有选择性,能够快速氧化有机污染物,并将其裂解为短链烷烃及小分子酸,最终矿化成 CO_2 和 H_2O(图 6-11)。

非自由基途径比自由基途径在降解有机污染物时具有更高的选择性,并且非自由基过程中不会产生自由基,因此,这种非自由基途径避免了对吸附剂的氧化和破坏,具有较好的应用前景。

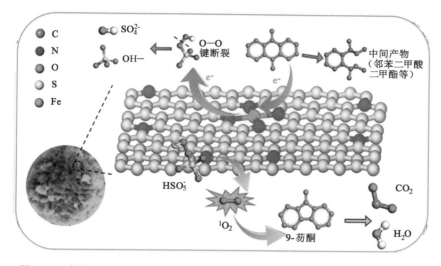

图 6-11　催化剂 2,6-YD-Fe/C 活化 PMS 氧化降解 9-芴酮和 9,10-蒽醌机理图

6.6　本章小结

本章通过评估铁离子负载量、pH 值、PMS 浓度和催化剂添加量对 9-芴酮、9,10-蒽醌降解效果的影响,探究最佳氧化条件及其降解机理,主要结论如下:

(1) 当 Fe 离子负载量为 3% 时,2,6-YD-Fe /C 活化 PMS 效果最优,初始浓度均为 5 mg/L 的 9-芴酮和 9,10-蒽醌,2 h 内的降解率分别为 53.2% 和 23.1%。

(2) 2,6-YD-Fe/C-PMS 体系中降解 5 mg/L 9-芴酮、9,10-蒽醌,材料添加量为 0.1 g/L、pH=5、PMS=5 mmol/L、2,6-YD-Fe 负载铁离子含量为 3%、温度为 25 ℃,2 h 后 9-芴酮和 9,10-蒽醌降解率最高,相应的降解率分别达到 53.2% 和 23.1%,即 PMS:催化剂=13.5:1 时为最佳氧化条件。

(3) 2,6-YD-Fe(3%)/C 表征结果表明,XPS 窄谱分析显示高温煅烧所制备材料中 C—C 键断裂形成碳缺陷,Fe 的掺杂为 2,6-YD/C 活化 PMS 提供更多的活性位点,有助于电子转移路径的进行;在反应过程中可提供电子并生成介于 +2 和 +3 价态的 Fe,以及 FTIR 显示 Fe 掺杂后 2,6-YD/C 中形成 Fe—C—O 键,有助于污染物上的电子由催化剂转移至 PMS。此外 SEM-EDS 显示材料表面镂空结构分布广泛且遍布大量缺陷空位,比表面积和吸附位点丰富,其中铁 (Fe)、碳(C)均匀分布和掺杂,证明其可有效避免 Fe⁰ 极易团聚的问题。

(4) 2,6-YD-F/C-PMS 降解体系的 EPR 测试表明,该体系中不存在 SO₄⁻·

和·OH，$^1O_2$ 的 1∶1∶1 特征峰与 TEMP 和 $^1O_2$ 产生的 TEMP-$^1O_2$ 加合物（TEMPN）特征峰相同，由此推测 2,6-YD-Fe/C-PMS 降解 9-芴酮、9,10-蒽醌路径主要依靠 $^1O_2$ 和电子转移。

7 Fe²⁺/PS-功能菌协同作用的氧化剂量优化

PS 氧化过程对土壤组成和结构以及微生物生长产生影响,高剂量 PS 添加引起的土壤 pH 值降低和盐度增加等环境扰动严重限制了生物修复效率。设计满足微生物群体要求的化学氧化剂量是研发绿色、高效、可持续联合修复工艺之关键。本章通过鉴定 Fe²⁺/PS 体系中的自由基,探究不同土壤中的氧化作用机制;考察不同土壤中的菲/蒽氧化修复性能及 PAHs 回弹效应的影响因素,揭示土壤与 PS 剂量的响应关系;寻求联合修复的最佳接口剂量。

7.1 氧化条件的确定

7.1.1 响应面法探究氧化条件

土壤中菲实际浓度为 168.83 mg/kg。由图 7-1(a)可知,体系初始 pH 值分别为 4、6 和 8 时,反应第 2 d 体系 pH 值降到最低,此后体系呈酸性,pH 值保持在 2.67～3.86。体系反应过程中的 pH 值与 PS 的投加量显著相关($p=0.004$),PS 的投加量越大,体系 pH 值越低。体系初始 pH 值和 Fe²⁺/PS 对反应过程中的 pH 值没有显著影响($p>0.05$)。此外,发现氧化降解率与 PS 投加量和反应过程中 pH 值显著相关($p<0.05$),体系初始 pH 值、Fe²⁺/PS 对氧化降解率没有显著影响($p>0.05$)。

由图 7-1 可知,反应 2 d 氧化速率最快,反应 4 d 菲降解率最高,6 d 会产生"回弹效应",导致菲降解率变低。Fe²⁺/PS 为 1 时,PS 投加量为 0.95%、2.86%、4.76%时,第 4 d 降解率分别为 50%、72%和 79%。由此可见,菲降解率与氧化剂投加量并非线性相关,Fe²⁺/PS=1 时,PS 投加量越低,氧化剂有效利用率越高。

考虑 PS 添加量、Fe²⁺/PS、体系初始 pH 值对氧化过程 PAHs 回弹效应的影响,对第 6 d PAHs 降解率进行模型拟合。

$$Y_6 = 0.394\ 4 + 0.118\ 2X_1 - 0.026\ 7X_2 - 0.084\ 9X_3 - 0.042\ 8X_1X_2 +$$
$$0.106\ 2X_1X_3 + 0.067\ 2X_2X_3 - 0.020\ 4X_1^2 - 0.026\ 4X_2^2 -$$
$$0.120\ 9X_3^2, R^2 = 0.946\ 3$$

式中,Y_6 表示第 6 d PAHs 降解率;X_1 表示 PS 添加量%;X_2 表示 Fe²⁺/PS;X_3 表

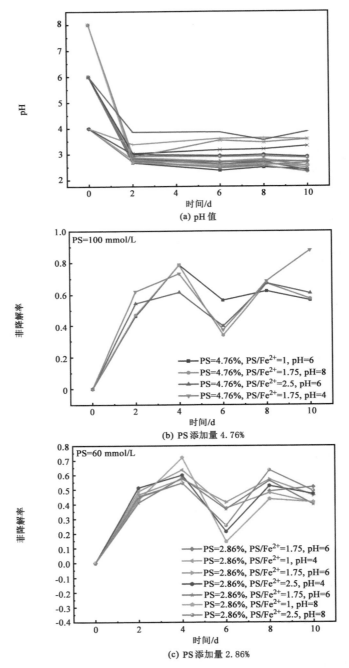

图 7-1　Fe^{2+}/PS 条件探究 pH 值及不同 PS 添加量时土壤中菲的降解率

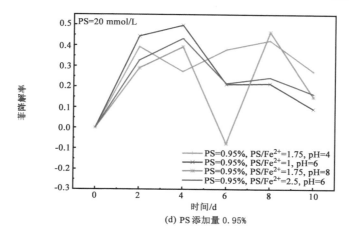

图 7-1 （续）

示初始 pH 值。

基于氧化剂对土壤的危害和第 6 d PAHs 回弹效应，得出当氧化剂量最低、Y_6 最大时，X_1 为 0.42%，X_2 为 2.39，X_3 为 6.5。

7.1.2 不同菲/蒽土壤的氧化性能

如图 7-2 所示，(a)、(b) 分别为选用 PS 氧化三种土壤中菲的剩余浓度及氧化降解率和 PS 氧化 NB 土壤中蒽的剩余浓度及氧化降解率。PS 投加量为土壤的 0.95%，$Fe^{2+}/PS=1$ 进行氧化实验。XZ、NB 和 GZ 灭菌土壤中菲实际浓度为 168.78 mg/kg、169.10 mg/kg、169.45 mg/kg。由图 7-2(a) 可知，Fe^{2+}/PS 氧化修复主要在 1 d 内。Fe^{2+}/PS 氧化三种土壤，PS 氧化反应迅速，1 d 内达到最大反应速率。其中，NB(90%)＞GZ(81%)＞XZ(62%)，此后，NB 与 XZ 土壤中菲的剩余浓度不再下降，GZ 土壤中的菲剩余浓度缓慢降低。

由图 7-2(b) 可知，NB 土壤中的蒽在第 1 d 氧化效率最高，蒽的剩余浓度由 121 mg/kg 下降为 4 mg/kg，此时降解率为 96%。此后土壤中蒽的浓度不再降低，同菲的趋势一致。

7.1.3 低剂量 PS 修复高/低浓度菲污染土壤

以灭菌后低浓度菲污染酸性土壤(GZ)为研究对象[图 7-3(a)]，以灭菌后的高浓度菲污染碱性土壤(NB)为对照组[图 7-3(b)]，研究低剂量 PS 氧化低浓度菲污染酸性土壤 8 h 时去除效果。NB 土壤中菲的初始浓度(108.35 mg/kg)远高于 GZ 土壤(9.60 mg/kg)，添加 0.24% PS 30 min 后土壤中菲的降解率最高

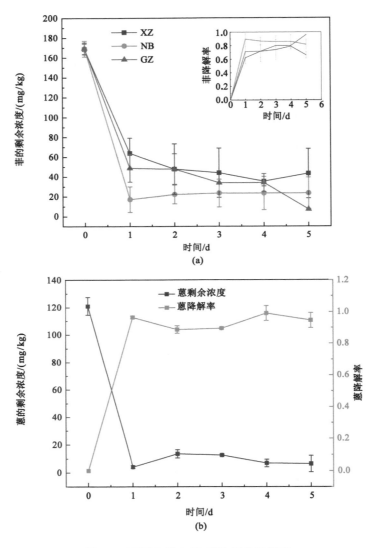

图 7-2 不同土壤中菲、蒽的氧化降解率

达 95%。GZ 土壤中菲的初始浓度为 9.60 mg/kg，反应过程中不同浓度 PS 对土壤中菲的解吸效果不同，添加 0.72%PS 2 h 后土壤中菲的剩余浓度回弹至最高点 46.20 mg/kg，此后下降至 10.75 mg/kg，之后基本保持不变；添加 0.48%PS 4 h 后土壤中菲的剩余浓度回弹至最高点 22.02 mg/kg，8 h 后下降至 8.26 mg/kg。添加 0.24%PS 2 h 菲的剩余浓度开始回弹，8 h 后土壤中菲的剩余浓度回弹至最高点 34.12 mg/kg。0.24%~0.72%PS 修复低浓度菲污染

（9.60 mg/kg）酸性土壤效果不明显。

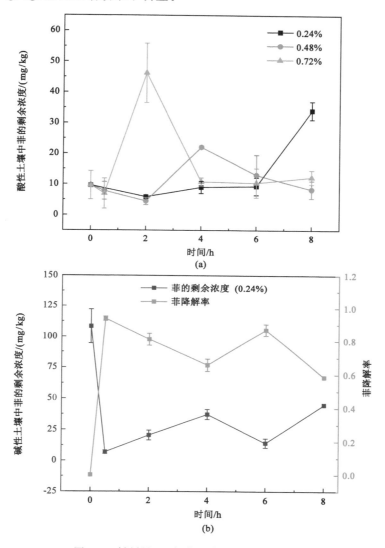

图 7-3　低剂量 PS 氧化土壤中菲的剩余浓度

7.1.4　不同类型土壤中 PS 的剩余浓度、Fe²⁺浓度和 pH 值的变化

如图 7-4 所示，在 PS 投加量为土壤的 0.95%、Fe²⁺/PS＝1 的条件下，体系中 PS 的剩余浓度在 1 d 下降速率最快，此后，XZ 和 NB 土样中的 PS 剩余浓度下降到约 14 mmol/L 时不再下降，此时氧化剂消耗量约为土壤的 0.28%。而

GZ 土样中的 PS 剩余浓度始终缓慢下降。发现土壤中活化剂 Fe^{2+} 反应第 5 d 时 GZ 上清液 pH 值由 7.28 下降至 2.5 以下,而 XZ 和 NB 上清液的 pH 值下降幅度较小。这可能是因为,一方面 XZ 和 NB 土样具有较高的土壤 CEC(表 2-1),另一方面在 XZ 和 NB 土壤中,绝大多数 Fe^{2+} 在反应初期(1 d 内)消耗,迫使 PS 分解停滞无法产生 H^+。而在 GZ 土壤中,1 d 后依然存在少量的 Fe^{2+},使 GZ 中 PS 缓慢释放,导致土壤 pH 值下降。在碱性土壤(XZ,NB)中存在氧化剂未完全利用的情况。

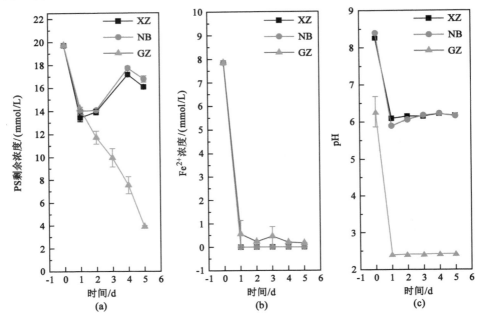

图 7-4　不同类型土壤中 PS 的剩余浓度、Fe^{2+} 浓度和 pH 值的变化

7.2　PS 氧化过程中的活性自由基鉴定

如图 7-5 所示,(a)、(b)分别为自由基种类鉴定和自由基含量测定。本实验采用 5,5-二甲基-1-吡咯啉 N-氧化物(DMPO)作为自旋捕获剂,使用电子顺磁共振波谱仪对三种土壤进行测试。如图 7-5(a)所示,反应 0 min 和 30 min 后,XZ 和 NB 土样中均含有少量的 $SO_4^-\cdot$ 和 $\cdot OH$,而 GZ 土样中仅含有 $\cdot OH$。反应 30 min 后,自由基总量降到最低[图 7-5(b)]。

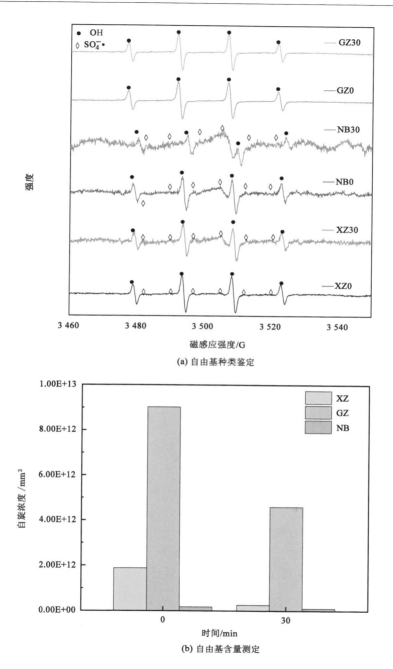

(a) 自由基种类鉴定

(b) 自由基含量测定

图 7-5 PS 氧化过程中的活性自由基种类鉴定及含量测定

7.3 PS 与 *Enterobacter himalayensis* GZ6 接口剂量探究

7.3.1 酸性土壤中的最佳接口剂量

如图 7-6(a)所示,添加 0.24％、0.48％、0.72％PS 氧化 1 d 后,土壤中菲的剩余浓度分别为 124.25 mg/kg、110.95 mg/kg、98.01 mg/kg,PS 投加量越高,氧化 1 d 后菲的降解率越高,添加 0.72％PS 氧化效率最高(18％)。氧化第 6 d 菲的剩余浓度出现回弹,此后修复效率急剧升高,添加 0.24％、0.48％、0.72％PS 修复 14 d 后菲的剩余浓度分别为 59.25 mg/kg、53.10 mg/kg、89.17 mg/kg,此时降解率分别为 61％、65％、41％,修复 40 d 后菲的降解率分别为 89％、82％、55％。土壤中蒽的剩余浓度变化与菲一致[图 7-6(b)],添加 0.24％、0.48％、0.72％PS 修复 14 d 降解率分别为 87％、88％、62％;修复 40 d 后降解率分别为 100％、99％、73％。添加 0.24％、0.48％、0.72％PS-功能菌联合修复与单独添加 PS 菲的剩余浓度变化趋势一致。

与仅接种功能菌(B)相比,单独添加 0.24％PS 氧化修复,和添加 0.24％～0.48％PS-功能菌联合修复效果均优于单独的功能菌强化修复,而无论是单独添加 0.72％PS 氧化修复,还是添加 0.72％PS-功能菌联合修复效果均低于单独的功能菌强化修复。值得注意的是,添加 0.48％PS-功能菌联合修复效率最高,单独添加 0.48％PS 氧化在修复初期(0～13 d)修复作用低于单纯的生物修复,13 d 以后修复效果逐渐优于生物强化修复。PS-土著菌联合修复 40 d 对菲和蒽的降解率与 PS 的添加量成反比。

PS 添加量越高,土壤 pH 值越低,如图 7-7(a)所示,PS 的添加量为 0.24％、0.48％、0.72％的条件下,氧化后土壤 pH 值先下降后上升,氧化 10 d 后基本保持稳定,分别为 5.42、4.63 和 3.94。PS 添加量越高,ORP 和 EC 越高[图 7-7(b)、(c)]。在低剂量 PS 氧化环境中,SOM 含量没有显著变化,证明此剂量对土壤的破坏作用较小。土壤 Zeta 电位为－8.58 mV[图 7-7(e)],随着 PS 剂量的增加,绝对值逐渐变小,表明土壤表面负电荷变少,向电中性靠近。

7.3.2 低剂量 PS 联合修复三种土壤

如图 7-8 所示,C1B,C2B,C3B 分别表示 0.24％PS 氧化-功能菌联合修复 XZ、GZ、NB 土壤。氧化 1 d,C1B,C3B 碱性土壤中菲的剩余浓度分别为 16.48(90％) mg/kg,19.98(87％) mg/kg,此时酸性土壤 C2B 中菲的剩余浓度

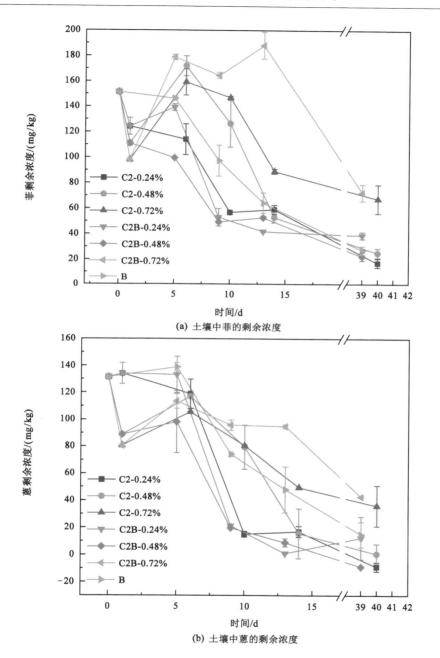

(a) 土壤中菲的剩余浓度

(b) 土壤中蒽的剩余浓度

图 7-6 低剂量 PS-土著菌修复酸性土壤中的 PAHs
(C2 指 PS 氧化;C2B 指 PS-功能菌;B 指仅接种功能菌)

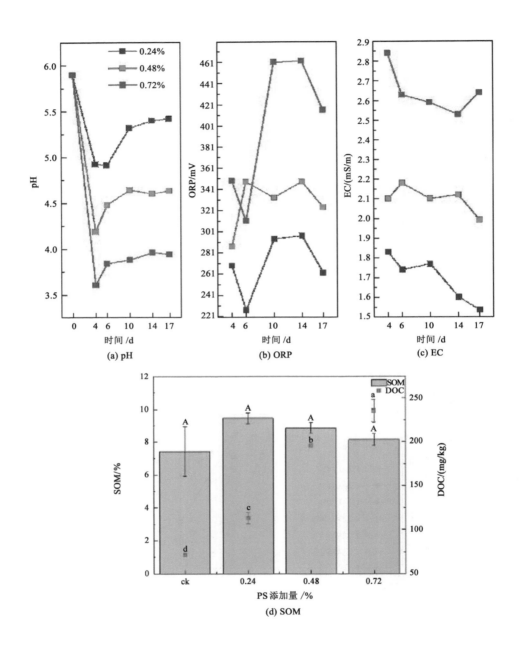

图 7-7　不同浓度 PS 氧化酸性土壤理化性质变化

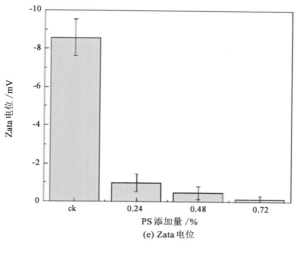

图 7-7　（续）

为 124.25 mg/kg,降解率为 18%。修复 5 d 后碱性土壤 C1B,C3B 的降解率约为 100%,而酸性土壤 C2B 中菲的剩余浓度开始回弹至 124.25 mg/kg,5～9 d 内降解效率最快,9～13 d 逐渐变缓,13 d 后菲的剩余浓度 41.98 mg/kg,降解效率为 72%。土壤中蒽的变化趋势与菲一致,修复 13 d 后,C1B,C2B,C3B 中蒽的剩余浓度为 1.01 mg/kg,5.60 mg/kg,0.00 mg/kg,降解率分别达到 91%,99%,100%。

针对不同 pH 值的土壤样本,添加 0.24%PS 与 10%功能菌,碱性土壤中联合修复 9 d 土壤 pH 值可恢复至初始状态,酸性土壤中则需要 13 d。修复 3～5 d,C1B 和 C3B 中的 ORP 下降,C2B 中的 ORP 则与之相反。修复 5～9 d,C1B,C2B 和 C3B 中的 ORP 迅速上升,此时 C2B 上升速率变缓,9～16 d 开始下降。

7.3.3　不同土壤氧化时产物的变化

如图 7-9 所示,经 GC-MS 鉴定,土壤老化过程中三种原土产生了蒽醌等物质,氧化 1 d 后,三种土壤中仅含有菲和蒽,蒽醌消失,说明 PS 在氧化 PAHs 的过程中,同时氧化分解了蒽醌等土壤中的化合物。

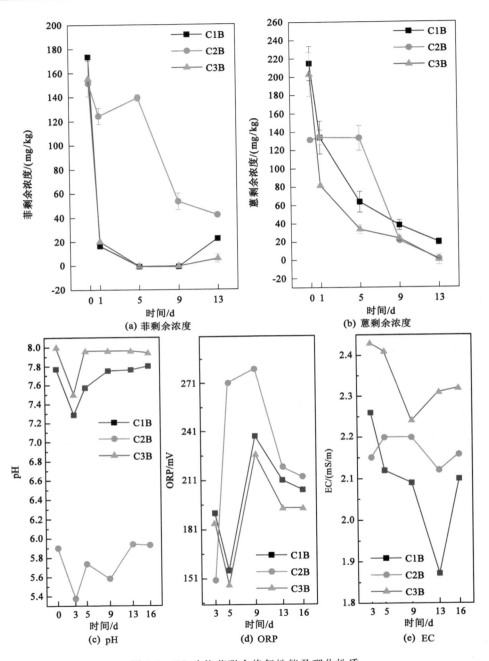

图 7-8   PS-功能菌联合修复性能及理化性质

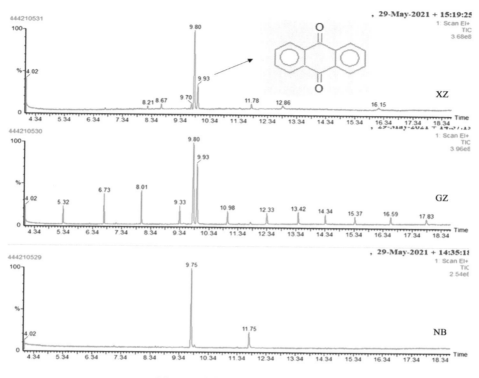

图 7-9　老化后土壤污染物鉴定

7.4　Fe²⁺/PS 的氧化机制

$$S_2O_8^{2-} + 2H_2O \longrightarrow 2SO_4^{2-} + HO_2^- + 3H^+ \tag{7-1}$$

$$2S_2O_8^{2-} + 2H_2O \longrightarrow 3SO_4^{2-} + SO_4^- \cdot + O_2^- \cdot + 4H^+ \tag{7-2}$$

$$S_2O_8^{2-} + HO_2^- \longrightarrow SO_4^{2-} + SO_4^- \cdot + O_2^- \cdot + H^+ \tag{7-3}$$

$$S_2O_8^{2-} + O_2^- \cdot \longrightarrow SO_4^{2-} + SO_4^- \cdot + O_2 \tag{7-4}$$

$$S_2O_8^{2-} + Fe^{2+} \longrightarrow Fe^{3+} + SO_4^{2-} + SO_4^- \cdot \tag{7-5}$$

$$SO_4^- \cdot + Fe^{2+} \longrightarrow Fe^{3+} + SO_4^{2-} \tag{7-6}$$

$$SO_4^- \cdot + H_2O \longrightarrow SO_4^{2-} + \cdot OH + H^+ \tag{7-7}$$

$$SO_4^- \cdot + SO_4^- \cdot \longrightarrow S_2O_8^{2-} \tag{7-8}$$

Fe²⁺/PS 体系中可能的反应如上[253]。$S_2O_8^{2-}$ 与 H_2O 反应生成 $SO_4^- \cdot$ 和 $O_2^- \cdot$，$O_2^- \cdot$ 与 $S_2O_8^{2-}$ 反应产生 $SO_4^- \cdot$［反应(7-1)至反应(7-4)]，部分 $SO_4^- \cdot$ 与 H_2O 反应生成 $\cdot OH$［反应(7-7)]，在此过程产生大量的 H^+ 导致土壤 pH 值下

降。此外，菲/蒽污染土壤老化过程中，微生物产生的蒽醌等醌类中间体一方面可充当电子运输载体，使体系中 Fe^{3+} 被还原为 Fe^{2+}，促使 Fe^{2+}/PS 产生大量 $SO_4^-\cdot$[反应(7-5)][38]；另一方面，可充当活化剂进一步活化 PS，大量的 $SO_4^-\cdot$ 与 $\cdot OH$ 高效氧化分解土壤中的菲/蒽。

结合反应过程中 PS、Fe^{2+} 和 pH 值的变化，碱性土壤环境中，大量 $SO_4^-\cdot$ 互相结合，重新生成了 $S_2O_8^{2-}$[反应(7-8)]，这是反应 1 d 后土壤中 PS 浓度升高的原因(图 7-4)。在酸性土壤环境中，反应(7-1)至反应(7-4)被 H^+ 抑制，使 $SO_4^-\cdot$ 的产生量大幅度减少。前期研究发现，在 pH 值为 5.3 的菲污染土壤中，添加 $n(PS):n(Fe^{2+})=3:1$ 比 $n(PS):n(Fe^{2+})=1:2$ 的氧化效率更高，这可能是因为过量的 Fe^{2+} 消耗了一部分 $SO_4^-\cdot$[反应(7-6)]，导致 $SO_4^-\cdot$ 的氧化效率下降。此外，产生的 $SO_4^-\cdot$ 还有另外两种归宿：① 一部分 $SO_4^-\cdot$ 与 H_2O 反应生成 $\cdot OH$[反应(7-7)]；② GZ 土样中只检测到了由部分 $SO_4^-\cdot$ 产生的 $\cdot OH$(图 7-5)，剩余的 $SO_4^-\cdot$ 与土壤中的 PAHs 发生氧化反应。

7.5　Fe^{2+}/PS 氧化的影响因素

（1）Fe^{2+}/PS 氧化体系中 $SO_4^-\cdot/\cdot OH$ 的相对含量主要受 pH 值的影响[84]

本研究中，反应 0 min 和 30 min 后，碱性土壤(XZ 和 NB)中均含有少量 $SO_4^-\cdot$ 和 $\cdot OH$，而酸性土壤(GZ)中仅发现 $\cdot OH$[图 7-5(a)]。溶液中 HO_2^- 和 $O_2^-\cdot$ 的含量随着 pH 值的增加而增加，与 PS 反应生成 $SO_4^-\cdot$[式(7-1)至式(7-4)]。此外，$SO_4^-\cdot$ 可与 OH^- 反应转化为 $\cdot OH$，pH 值的增加会导致 $\cdot OH$ 浓度增加几个数量级[254]。结果表明，Fe^{2+}/PS 氧化主要在 0～30 min 剧烈反应，碱性环境比酸性环境更容易产生较多的 $SO_4^-\cdot$ 和 $\cdot OH$ 并且被迅速消耗。

（2）PS 的投加量会影响体系中 SOV_4 的产生量和有效利用率

魏艳[39]发现 $K_2S_2O_8$ 投加量在 1～5 mmol/L 范围内，RhB 降解速率与 $K_2S_2O_8$ 投加量成正比，在 5～11 mmol/L 范围内，随着 $K_2S_2O_8$ 浓度的增大，光催化 PS 降解速率在 20 min 内显著降低至 24.90%。低剂量时(1～5 mmol/L)，随着投加量增加，活性自由基增加，当 $K_2S_2O_8$ 过量添加后(5～11 mmol/L)，过量的 $SO_4^-\cdot$ 发生了淬灭反应[式(7-8)]。前期研究表明，在水中添加 5～40 mmol/L PS 时，反应 6～12 h 内，PS 的氧化效率随时间增加而增加；PS 浓度小于 10 mmol/L 时，氧化效率随 PS 浓度增加而增加，PS 浓度在 10～40mmol/L 范围时，氧化效率随 PS 浓度增加而降低[255]。本研究中，土壤中 PS 添加量为

0.24%时,氧化效率最高。因此,低剂量(0.24%~4.76%)PS 氧化修复在碱性土壤中具有修复时间短、适应 PAHs 浓度范围广、氧化效率高等优势,在酸性土壤中具有适应高 PAHs 浓度、作用时间长(缓释)等优势。针对 PAHs(151.41 mg/kg 菲＋131.43 mg/kg 蒽)污染酸性土壤,低剂量(0.48%)PS-功能菌联合修复更具修复潜力。实际应用中,可采取降低 PS 剂量、分批次添加活化剂,添加零价铁等还原剂或者 EDTA、柠檬酸钠、草酸等螯合剂进一步调控 SO_4^- · 的产生量和提高其有效利用率[38,253]。

(3) 不仅目标污染物能消耗 PS,SOM 也能消耗 PS[256]

Liao 等[7]研究发现,与 ck 处理相比,活化 PS 处理 24 h 后焦化厂土壤 SOM 含量显著降低约 50%。由于过硫酸钠的强氧化性,在 pH 为 3.1 时,24 h 土壤浆中 SOM 的含量降低了 80%[257]。本研究添加 0.24%~0.72%PS 氧化 1 d 后酸性土壤(GZ,pH＝3.6~5)中 SOM 没有显著性差异。表明低剂量 PS(0.24%~0.72%)氧化技术在污染土壤修复过程中,对不同类型土壤中 SOM 含量不会产生显著影响。此外,土壤的吸附作用主要表现为 SOM 对疏水性有机化合物的吸附[192],土壤中有机碳含量越高,对 PAHs 吸附能力越强[191]。本研究中,针对酸性高 SOM 低浓度菲污染(9.60 mg/kg)土壤,添加 0.24%~0.72%PS 氧化 8 h 时,修复效果不明显(图 7-3)。这是因为,Fe^{2+}/PS 氧化主要在 0~30 min 内剧烈反应,低浓度菲污染难以从 SOM 中解吸,导致低剂量氧化剂对污染物的有效利用率低。碱性土壤 XZ 和 NB 中 SOM 含量分别为(4.09%±0.06%)和(1.74%±0.01%),添加 0.95%PS 氧化发现碱性土壤中 SOM 含量低,有利于PAHs 的去除(图 7-1)。

(4) 土壤含水量也对 Fe^{2+}/PS 氧化体系产生影响,PAHs 的氧化降解率与含水率成正比

Xu[258]发现,当含水率为 60% 时,PAHs 降解率低于土水比为1∶1.5 或 1∶2。Peluffo[259]发现,通过低剂量氧化剂处理,土壤湿度从 24.9%增加到 36.5%,菲降解率从 15%增加到 78%。类似的研究发现,在 Fe^{2+}/PS 处理 21 d 后,最大持水量为 50%,菲的降解率达到 40%。但对于原位修复,保持较高的土水比会增加成本和技术难度。因此,本实验的水分水平(水土比为 1∶1)更符合现场氧化和生物修复的真实条件。

(5) 除土壤 pH 值、SOM 含量、含水率外,Fe^{2+}/PS 氧化效率还与 PAHs 结构等因素有关

PS 能氧化 PAHs 并具有高环 PAHs 选择性,但去除受污染土壤中多种PAHs 的能力可能有限[258]。在实验室条件下,活化 PS 在 10 d 内去除了人为污染土壤中近 100%的蒽和芘,而菲的降解率在 50 d 内仅达到 80%[26]。本研究发

现,在碱性土壤中,PS 更倾向于氧化菲,而在酸性土壤中蒽更容易被氧化。

7.6 PAHs 回弹效应的致因及对策

原位化学氧化在修复系统关闭后,极易引发污染的再次回升,造成回弹效应,对环境存在潜在危害[84]。

(1)高 SOM 是场地修复中出现回弹现象的重要原因

SOM 是土壤中疏水性有机化合物的强吸附剂[260]。疏水性 PAHs 有机碳分配系数较高,对其表现出很强的亲和力,导致其在水相和固相之间的传质速度较慢,限制了自由基与吸附到 SOM 上的 PAHs 的氧化反应。Nam [149]观察到有机碳含量大于 2.0% 的土壤样品对菲的固存作用明显,菲生物利用度随着老化时间而下降;有机碳含量 < 2.0% 的土壤或沙子中菲的固存作用不明显。在有机碳含量 > 2.0% 的土壤中,陈化 200 d 的菲的降解速度比新添加的化合物慢,但在有机碳浓度 < 2.0% 的土壤和沙子中,固存率的影响不明显。本研究中,XZ、NB 和 GZ 土壤 SOM 含量分别为 4.09%、1.74% 和 7.44%。当土壤 SOM 小于 4.09% 时,PAHs 的回弹效应不明显,而 GZ-2 土壤中的 PAHs 在修复 6 d 发生明显的回弹(图 7-8)。

(2)PAHs 回弹效应的重要影响因素之一是 PS 的添加剂量

在碱性土壤中添加 0.96%～4.76% PS,在第 6 d 菲的降解率降低约 50%,当 PS 添加量为 0.24% 时,未观察到 PAHs 的浓度回弹现象(图 7-8)。进一步在酸性土壤中添加 0.24%～0.72% PS,发现当浓度为 0.48%～0.72% 时,第 6 d 土壤中菲的剩余浓度分别由 110.95 mg/kg、98.01 mg/kg 回弹至 171.98 mg/kg 和 159.32 mg/kg,当 PS 添加量为 0.24% 时,未观察到 PAHs 浓度回弹现象,与碱性土壤现象一致(图 7-6)。

PS 的添加量会影响回弹效应,其影响与体系 pH 值和 DOC 有关。从土壤基质中释放出来的 DOC 不仅能抑制 SOM 对 PAHs 吸附作用[193],还能与 PAHs 发生络合作用形成腐殖质-溶质复合物,能增加土壤中 PAHs 的溶解度[192]。本研究发现,PS 添加量越大,体系中 pH 值越低,DOC 含量越高(图 7-7)。酸沉降和 DOC 之间的因果关系可以通过影响土壤中 DOC 的两种潜在机制来解释:降低酸度(即增加 pH 值)和/或降低离子强度。降低的酸度会增加土壤有机质的溶解度和流动性,离子强度会降低 DOC 吸附或凝结的潜力,因此两者都被认为是土壤溶液中 DOC 浓度增加的主要原因[261]。然而,Jeljli 等[262]对温带森林有机土壤溶液中 DOC 浓度的影响因素进行评价,发现土壤 DOC 与土壤中大多数阳离子浓度和 EC 显著正相关,与 pH 值显著负相关,与 SO_4^{2-} 浓度没有显著相关性,与本研究结论一致。

(3)低剂量 PS 的施用有利于避免 PAHs 的回弹效应

必须长期监测场地污染以避免污染物回弹效应致使修复"失控"。因此,如何避免场地修复中 PAHs 的回弹效应值得重视。前期研究发现,施用氧化剂后,土壤微生物丰度会随着时间的推移而恢复[84]。当 PS 浓度为 $0.95\%\sim2.38\%$ 时,修复 63 d 后,中性土壤中微生物数量均可恢复至 $5.2\times10^7\sim8.6\times10^8$,pH 值可恢复至中性[202]。本研究发现,降低化学药剂的使用,不仅能减少对微生物的不利影响,还能与生物联合修复解决 PAHs 的回弹问题。在酸性高 SOM 土壤中,观察到 0.24% PS 联合功能菌修复 PAHs 后第 6 d,PAHs 浓度回弹,0.48% PS 能对功能菌产生强化作用,在提高 PAHs 去除效率的同时抑制 PAHs 的回弹效应。在碱性低 SOM 土壤中,0.24% PS 联合功能菌即可达到同样的效果。

针对不同 pH 值、有机质含量的 PAHs 污染土壤,基于经济、环保的修复理念,结合 PAHs 的降解性能、土壤理化性质的恢复以及微生物的适应性,添加 $0.24\%\sim48\%\%$ PS 修复是适宜的。因此,低剂量 PS 的施用,在减少土壤生态破坏的同时为微生物修复留有余地,强化功能菌联合修复,可满足土壤高效、经济、环保的修复目标。

7.7 本章小结

本章探究 Fe^{2+}/PS 的氧化作用机制,结合 Fe^{2+}/PS 氧化的影响因素与 PAHs 回弹效应的致因,寻求 Fe^{2+}/PS 与 *Enterobacter himalayensis* GZ6 修复不同菲、蒽污染土壤的最佳接口。

(1)不同土壤中 Fe^{2+}/PS 的氧化作用机制不同,体系中 SO_4^- · / · OH 的相对含量可能受 pH 值的影响。Fe^{2+}/PS 氧化主要在 $0\sim30$ min 剧烈反应,碱性环境比酸性环境更容易产生较多的 SO_4^- · 和 · OH 并且被迅速消耗,菲/蒽污染土壤老化过程中微生物产生的醌类中间体可充当电子运输载体,使 Fe^{3+} 被还原为 Fe^{2+},进一步促进 PS 产生大量的 SO_4^- · 氧化分解土壤中的菲/蒽。

(2)PAHs 在氧化后第 6 d 发生回弹,基于氧化剂对土壤的危害和第 6 d PAHs 回弹效应,得出当氧化剂量最小、第 6 d 降解率最高时,PS 添加量为 0.42%,Fe^{2+}/PS 为 2.39,体系初始 pH 值为 6.5。

(3)低剂量 Fe^{2+}/PS 氧化修复碱性土壤具有修复时间短、适应 PAHs 浓度范围广、修复效率高的优势,在酸性土壤中具有适应高 PAHs 浓度、药效时间长等优势。$0.24\%\sim0.48\%$ PS 对生物降解有促进作用,0.72% PS 对生物降解产生抑制作用。针对 PAHs(151.41 mg/kg 菲 + 131.43 mg/kg 蒽)污染酸性土壤,低剂量(0.48%)PS-功能菌联合修复更具修复潜力,修复 39 d,菲和蒽的降解率分别为 85%和 100%。

（4）土壤有机质含量及 PS 的氧化剂量是土壤 PAHs 回弹效应的重要影响因子。可采取 0.24% PS 氧化酸性高 SOM 土壤,0.48% PS-功能菌联合修复和生物修复以避免土壤 PAHs 的回弹效应。

8 Fe²⁺/PS-*Enterobacter himalayensis* GZ6 的耦合作用机制

第 7 章研究结果表明,微生物降解 PAHs 产生醌类中间体,不仅可活化 PS,还可充当电子运输载体,使 Fe^{3+} 被还原为 Fe^{2+}。本章考察修复过程中不同土壤的理化性质、生物酶活性和微生物多样性的变化,宏基因组学技术和网络分析构建物种与功能网络、环境因子与关键降解酶基因相关性网络,揭示低温下低剂量 PS-功能菌联合修复菲/蒽污染土壤耦合作用机制。

8.1 低剂量 PS-功能菌联合修复不同菲/蒽污染土壤性能

如图 8-1 所示,12 ℃条件下,氧化修复 1 d 后,碱性土壤(XZ,NB)菲的浓度显著下降,分别为 82.88 mg/kg 和 91.91 mg/kg,接种功能菌后一周持续下降。低温条件下 7 周后,PS 氧化修复、PS-功能菌联合修复和功能菌修复结果无显著差异。碱性土壤中,菲的最终剩余浓度为 0.79～3.72 mg/kg。酸性土壤(GZ)中菲的剩余浓度则与碱性土壤不同,氧化 1 d 后回弹至 184.19 mg/kg,接种功能菌修复 1 周后菲的剩余浓度没有显著变化。修复 7 周后,PS 氧化修复和 PS-功能菌联合修复结果没有显著差异,菲的剩余浓度下降为 89.85～111.67 mg/kg,功能菌修复降解率超过 99%。

与菲的降解相比,氧化修复 1 d 后,无论在碱性土壤还是酸性土壤中蒽的浓度虽然显著下降,但接种功能菌联合修复一周后效果不佳。修复 7 周后,碱性土壤中 PS 氧化效果最好,XZ 和 NB 中蒽的剩余浓度分别为 31.65 mg/kg 和 11.96 mg/kg,PS-功能菌联合修复与功能菌修复差异不显著。与碱性土壤不同,修复 7 周后,PS 氧化和 PS-功能菌联合修复处理蒽的浓度与修复前没有显著差异。值得注意的是,低温条件下,功能菌降解复合 PAHs 能力显著提高。功能菌降解处理后菲的剩余浓度下降为 4.81 mg/kg,降解率为 97%;蒽的剩余浓度仅为 1.41 mg/kg,降解率高达 98.9%。

低温条件修复 7 周后,针对碱性土壤,PS 氧化、PS-功能菌联合修复和功能菌修复菲和蒽都具有较好的修复效果。酸性土壤则相反,功能菌修复菲和蒽的降解率显著高于其他两种处理。因此,酸性土壤中的 PAHs 仅适用功能菌修

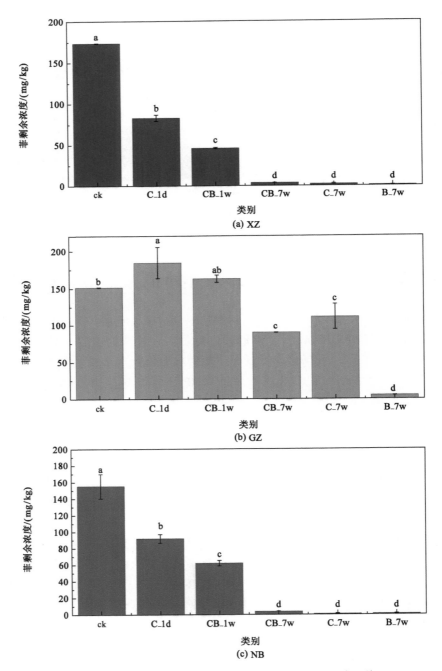

图 8-1　低温低剂量 PS-功能菌联合修复菲蒽复合污染土壤

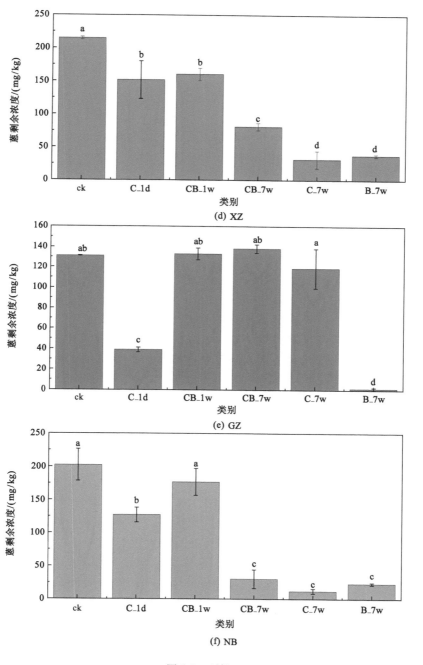

(d) XZ

(e) GZ

(f) NB

图 8-1　（续）

复,碱性土壤则可采用 PS 氧化、PS-功能菌联合修复和功能菌修复。

8.2　土壤 SOM 和 DOC 变化

8.2.1　土壤 SOM 和 DOC 含量变化

前期研究发现,在酸性土壤中添加 0.24%~0.72%PS 氧化后 SOM 含量没有显著变化。本实验中,如图 8-2(a)所示,除了 XZ 土壤氧化 7 周后(C_7w)SOM 由 4.09% 显著下降($p=0.035$)为 3.28%,与 ck 相比,添加 0.24%PS 对碱性土壤 SOM 含量没有显著影响。

如图 8-2(b)所示,分析土壤中 DOC 含量变化。氧化 1 d 后碱性土壤 DOC含量均显著下降,氧化 7 周后 XZ 土壤中的 DOC 持续下降至 33.70 mg/kg,NB土壤中 DOC 保持稳定 64.88 mg/kg;接种功能菌 1 周后 XZ 和 NB 土壤中 DOC显著高于对照组,分别达到 140.75 mg/kg 和 163.43 mg/kg。联合修复 7 周后,XZ 和 NB 土壤中 DOC 下降至 66.80 mg/kg 和 123.08 mg/kg,虽然显著高于氧化 7 周处理组,但 DOC 含量不超过对照组。

酸性土壤与碱性土壤不同。与对照组相比,酸性土壤氧化 1 d 和氧化 7 周DOC 含量没有显著变化,接种功能菌联合修复 7 周后 DOC 含量为 123.80 mg/kg,是对照组的 1.74 倍。

8.2.2　土壤三维荧光光谱

如图 8-3 所示,I、II、III、IV 和 V 分别代表芳香族氨基酸、PAHs、富里酸、腐殖酸和微生物副产物。根据激发-发射波长区域,分为四个区域:区域 I 为芳香族氨基酸($\lambda_{exc}=220\sim250$ nm,$\lambda_{em}=250\sim330$ nm),主要来源微生物;区域 II 为 PAHs($\lambda_{exc}=220\sim250$ nm,$\lambda_{em}=330\sim380$ nm),区域 III 为富里酸($\lambda_{exc}=220\sim250$ nm,$\lambda_{em}=380\sim580$ nm);区域 IV 为腐殖酸($\lambda_{exc}=250\sim470$ nm,$\lambda_{em}=380\sim580$ nm);区域 V 为微生物副产品($\lambda_{exc}=250\sim470$ nm,$\lambda_{em}=280\sim380$ nm)[185,202,263-265]。

碱性土壤氧化 1 d 后,区域 III 和区域 V 峰值增强,可能是氧化后形成了更多的富里酸,同时低剂量氧化促进了微生物代谢,产生微生物副产品。氧化 7 周和联合修复后区域 IV 增多,可能是修复 7 周后生成了腐殖酸。处理过程中区域 I峰强均降低,表明土壤中芳香族氨基酸受到修复的影响。

酸性土壤中,对照组中区域 I ~ V 峰强度较高,说明对照组中含有大量的芳香族氨基酸、PAHs、富里酸、腐殖酸、微生物副产品。氧化 1 d 后五个区域峰强大幅度下降。与氧化 7 周相比,联合修复 7 周后区域 III 和区域 V 进一步降低。

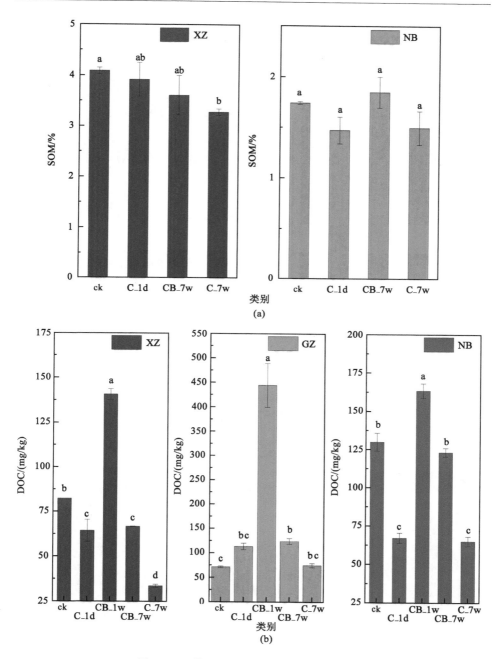

图 8-2 土壤 SOM(a)及 DOC(b)含量变化

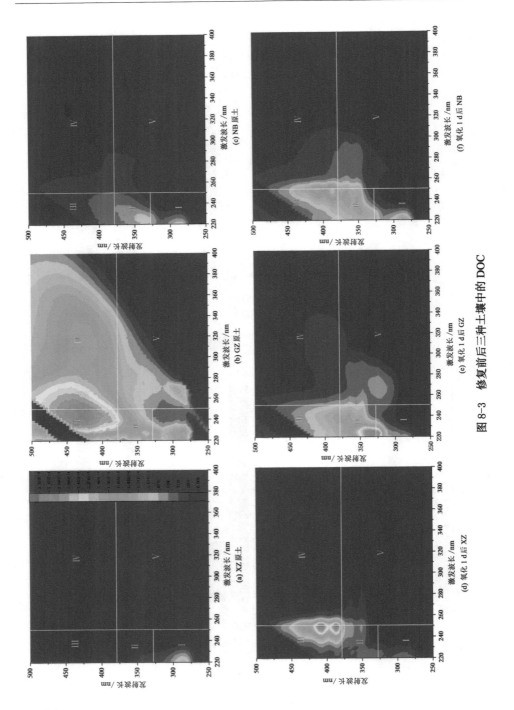

图 8-3 修复前后三种土壤中的 DOC

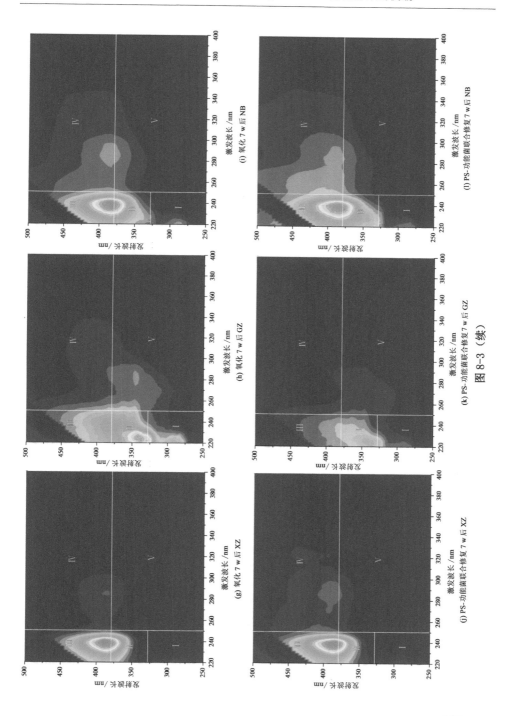

图 8-3（续）

说明酸性土壤中，无论是 PS 氧化还是功能菌联合修复，在去除 PAHs 的同时，也会消耗土壤中的富里酸、腐殖酸、微生物代谢产物等。酸性土壤中，DOC 含量较高，在 H^+ 的帮助下，富里酸、腐殖酸、微生物代谢产物等作为电子供体消耗了 PS 产生的自由基，另一方面，富里酸、腐殖酸、微生物代谢产物等也可为土壤中的微生物提供碳源，与 PAHs 形成碳源竞争关系，这可能是酸性土壤中 PS 氧化和 PS-功能菌联合修复 PAHs 降解率较低的因素之一。

8.3　土壤酶活性及木质素含量变化

图 8-4 为不同处理下多种土壤混合均匀后的平均酶活性和木质素含量，低温条件下 0.24% PS 对土壤微生物代谢生长的积极作用。碱性土壤中，脲酶、FDA 水解酶、多酚氧化酶、磷酸酶、漆酶、过氧化物酶、木质素过氧化物酶的总量始终高于酸性土壤，且在同种土壤中，不同处理组 7 种酶活性变化趋势几乎一致。

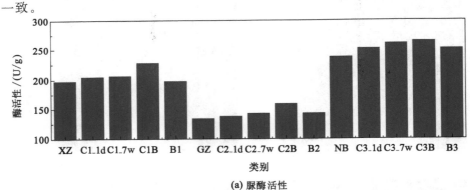

(a) 脲酶活性

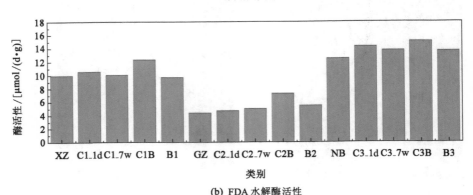

(b) FDA 水解酶活性

图 8-4　不同处理组酶活性和木质素含量变化

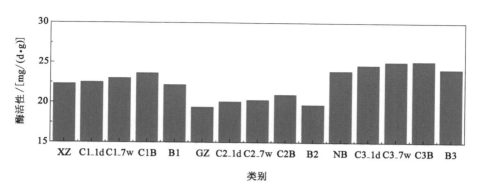

(c) 多酚氧化酶活性

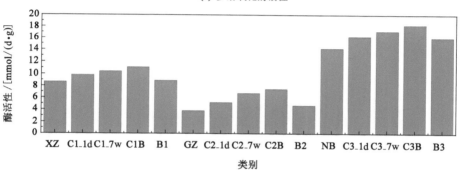

(d) 磷酸酶活性

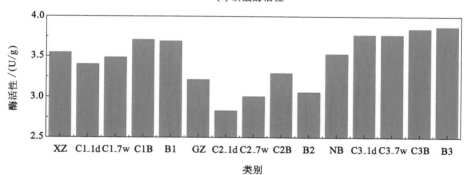

(e) 漆酶活性

图 8-4 （续）

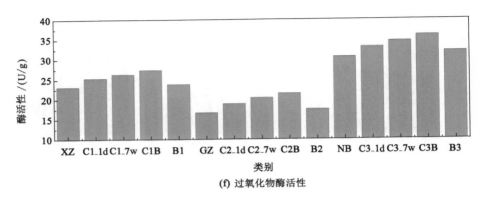

(f) 过氧化物酶活性

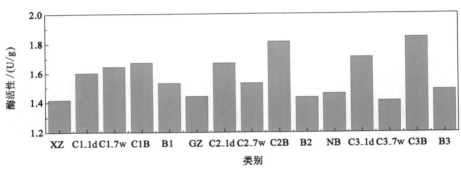

(g) 木质素过氧化物酶活性

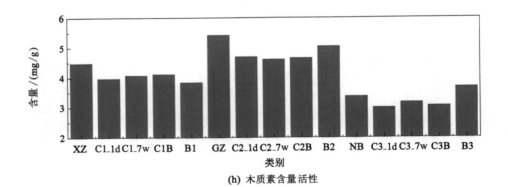

(h) 木质素含量活性

图 8-4 （续）

Song[37]施用 30 g/kg PS(3%)氧化 1 d 后,发现土壤微生物产生氧化应激反应,土壤脲酶活性显著降低。本研究使用 0.24% PS 氧化 1 d 后,三种土壤中脲酶、FDA 水解酶、多酚氧化酶、磷酸酶、过氧化物酶、木质素过氧化物酶活性升高,表明 0.24% PS 添加对微生物生长代谢有促进作用。修复 7 周后,无论是酸性土壤还是碱性土壤,单独接种功能菌修复处理后除土壤漆酶外 6 种酶活性均小于等于 PS 氧化处理,可能是 0.24% PS 对土壤中土著微生物起到了强化作用。PS-功能菌联合修复处理后 7 种酶活性均为最高。

此外,XZ、GZ 和 NB 土壤中木质素含量分别为 4.48 mg/g、5.43 mg/g 和 3.37 mg/g,与对照组相比,发现氧化 1 d 时木质素含量与木质素过氧化物酶成反比。7 周后,PS 氧化与 PS-功能菌联合修复处理土壤中木质素含量则与氧化 1 d 相差无几,而功能菌修复处理组中木质素含量几乎与对照组相等。

8.4 土壤木质素、理化生物性质与 PAHs 剩余浓度的相关性

如表 8-1 所示,对土壤生物酶、木质素、理化性质与 PAHs 剩余浓度做相关性分析。土壤中蒽仅与菲的剩余浓度呈显著正相关,菲在土壤中的剩余浓度仅与脲酶和漆酶显著负相关。值得注意的是,除木质素过氧化物酶外,脲酶和漆酶与所有生物酶和土壤 pH 值呈显著正相关,与 SOM 含量呈显著负相关。

8.5 修复土壤生物群落结构及酶基因分析

8.5.1 Alpha 多样性指数

Sobs、Ace、Chao 指数反映样品中物种丰富度,Shannon 和 Simpson 指数反映样品中物种多样性。如表 8-2 所示,相同处理条件下,NB 土壤中 Ace、Chao 和 Sobs 指数均高于 XZ 土壤,表明 NB 土壤中物种丰富度较高。氧化 1 d 后,XZ 和 NB 土壤中物种丰富度没有发生显著改变,随着氧化时间的增加,氧化 7 周后,两种土壤中物种丰富度显著增加,PS-功能菌联合修复处理组中,物种丰富度显著高于单独氧化处理组。结果表明,低剂量 PS-功能菌联合修复手段在氧化的基础上进一步提高了物种丰富度。

对照组 XZ 土壤与 NB 土壤的 Shannon 和 Simpson 指数没有显著性差异,表明两种土壤中物种多样性是一致的。与物种丰富度不同,XZ 土壤氧化 1 d 和 7 周后,Shannon 和 Simpson 指数与对照组没有显著性差异,表明低剂量 PS 的添加未对 XZ 土壤物种多样性产生消极影响。NB 土壤中,氧化 1 d 后 Shannon

表 8-1 斯皮尔曼等级相关系数

	脲酶	FDA水解酶	多酚氧化酶	磷酸酶	漆酶	过氧化物酶	木质素过氧化物酶	木质素含量	pH	SOM	DOC	Zeta	菲	蒽
脲酶	1.000	0.989**	0.986**	0.989**	0.889**	0.989**	0.186	−0.932**	0.733*	−0.846**	−0.118	−0.252	−0.518*	−0.307
FDA水解酶	0.989**	1.000	0.982**	0.979**	0.886**	0.979**	0.206	−0.929**	0.717*	−0.825**	−0.079	−0.364	−0.446	−0.236
多酚氧化酶	0.986**	0.982**	1.000	0.996**	0.875**	0.996**	0.211	−0.932**	0.683*	−0.775**	−0.136	−0.252	−0.436	−0.214
土壤磷酸酶	0.989**	0.979**	0.996**	1.000	0.879**	1.000**	0.231	−0.946**	0.700*	−0.793**	−0.161	−0.252	−0.482	−0.246
漆酶	0.889**	0.886**	0.875**	0.879**	1.000	0.879**	0.111	−0.829**	0.833*	−0.804**	−0.157	−0.483	−0.575*	−0.321
过氧化物酶	0.989**	0.979**	0.996**	1.000**	0.879**	1.000	0.231	−0.946**	0.700*	−0.793**	−0.161	−0.252	−0.482	−0.246
木质素过氧化物酶	0.186	0.206	0.211	0.231	0.111	0.231	1.000	−0.188	−0.117	0.122	−0.025	−0.287	−0.179	−0.129
木质素含量	−0.932**	−0.929**	−0.932**	−0.946**	−0.829**	−0.946**	−0.188	1.000	−0.733*	0.829**	0.207	0.315	0.432	0.118
pH	0.733*	0.717*	0.683*	0.700*	0.833*	0.700*	−0.117	−0.733*	1.000	−0.733*	0.050	−0.371	−0.417	0.067
SOM	−0.846**	−0.825**	−0.775**	−0.793**	−0.804**	−0.793**	0.122	0.829**	−0.733*	1.000	0.061	0.189	0.486	0.364
DOC	−0.118	−0.079	−0.136	−0.161	−0.157	−0.161	−0.025	0.207	0.050	0.061	1.000	−0.140	0.336	−0.132
Zeta	−0.252	−0.364	−0.252	−0.252	−0.483	−0.252	−0.287	0.315	−0.371	0.189	−0.140	1.000	0.126	−0.119
菲	−0.518*	−0.446	−0.436	−0.482	−0.575*	−0.482	−0.179	0.432	−0.417	0.486	0.336	0.126	1.000	0.679**
蒽	−0.307	−0.236	−0.214	−0.246	−0.321	−0.246	−0.129	0.118	0.067	0.364	−0.132	−0.119	0.679**	1.000

指数显著增加,而 Simpson 指数未发生明显变化,表明低剂量 PS 增加了 NB 土壤中物种多样性。氧化 7 周后,Shannon 指数显著降低,Simpson 指数显著升高,表明氧化 7 周后 NB 土壤中土壤多样性降低。值得注意的是,PS-功能菌联合修复 7 周后,Shannon 指数显著升高,Simpson 指数显著降低,表明 PS-功能菌对 NB 土壤中物种多样性的恢复有促进作用。

表 8-2　Alpha 多样性指数

	Sobs		Ace		Chao		Shannon		Simpson	
C1	3852.33ᵉ	(45.00)	3852.33ᵉ	(45.00)	3852.33ᵉ	(45.00)	4.50ᵇᶜ	(0.03)	0.05ᶜᵈ	(0.00)
C1_1d	3860.67ᵉ	(70.57)	3860.67ᵉ	(70.57)	3860.67ᵉ	(70.57)	4.50ᵇᶜ	(0.10)	0.05ᶜᵈ	(0.01)
C1_7w	4044.67ᵈ	(24.19)	4044.67ᵈ	(24.19)	4044.67ᵈ	(24.19)	4.44ᶜ	(0.01)	0.05ᶜᵈ	(0.00)
C1B_7w	4420.00ᵇ	(61.02)	4420.00ᵇ	(61.02)	4420.00ᵇ	(61.02)	3.91ᵈ	(0.10)	0.06ᶜ	(0.00)
C3	4096.33ᵈ	(40.92)	4096.33ᵈ	(40.92)	4096.33ᵈ	(40.92)	4.59ᵇ	(0.04)	0.04ᶜᵈ	(0.00)
C3_1d	4115.33ᵈ	(45.46)	4115.33ᵈ	(45.46)	4115.33ᵈ	(45.46)	4.80ᵃ	(0.04)	0.03ᵈ	(0.00)
C3_7w	4284.67ᶜ	(86.38)	4284.67ᶜ	(86.38)	4284.67ᶜ	(86.38)	3.03ᵉ	(0.04)	0.12ᵃ	(0.00)
C3B_7w	4754.33ᵃ	(90.16)	4754.33ᵃ	(90.16)	4754.33ᵃ	(90.16)	3.88ᵈ	(0.13)	0.08ᵇ	(0.03)

注:上标 a、b、c、d、e 用于判断显著性差异,相同字母表示无显著性差异,反之为显著性差异。

8.5.2　修复前后土壤微生物群落结构变化

图 8-5 分别为碱性土壤(XZ 和 NB)中不同处理对应的微生物门水平(a)和属水平(b)群落结构。门水平上,XZ 和 NB 土壤中以 Actinobacteria(放线菌门)占比最高,分别为 56% 和 57%,Proteobacteria(变形菌门)次之,分别为 17% 和 19%,Chloroflexi(绿弯菌门)和 Acidobacteria(不动杆菌门)紧随其后。氧化 1 d 后,XZ 土壤中 Proteobacteria(变形菌门)和 Acidobacteria(不动杆菌门)占比分别由 10% 和 6% 上升为 19% 和 8%,与 NB 土壤变化趋势一致。值得注意的是,修复 7 周后,PS 氧化修复 XZ 土壤 Proteobacteria(变形菌门)持续上升为 27%,Firmicutes(厚壁菌门)和 Bacteroidetes(拟杆菌门)均由 1% 大幅度上升为 23% 和 10%,与此同时,Actinobacteria(放线菌门)占比降低为 33%,Chloroflexi(绿弯菌门)和 Acidobacteria(不动杆菌门)占比均降低至 2%。与对照组相比,PS-功能菌联合修复 7 周后,XZ 土壤中 Proteobacteria(变形菌门)、Firmicutes(厚壁菌门)、Bacteroidetes(拟杆菌门)、Gemmatimonadetes_d_bacteria(芽单胞菌门)变为优势菌门,分别占比 74%、7%、2% 和 3%,Actinobacteria(放线菌门)、Chloroflexi(绿弯菌门)和 Acidobacteria(不动杆菌

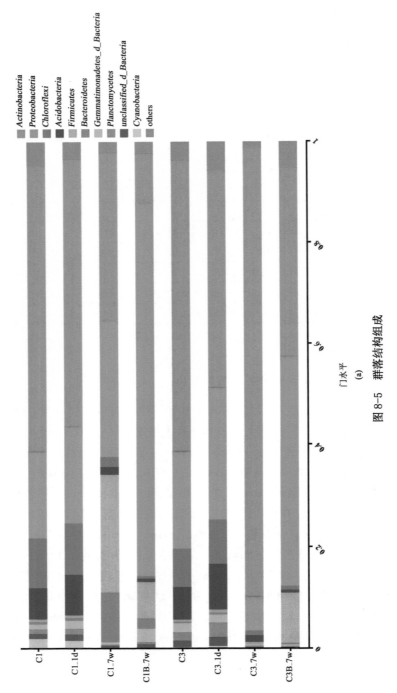

图 8-5 群落结构组成

门水平
(a)

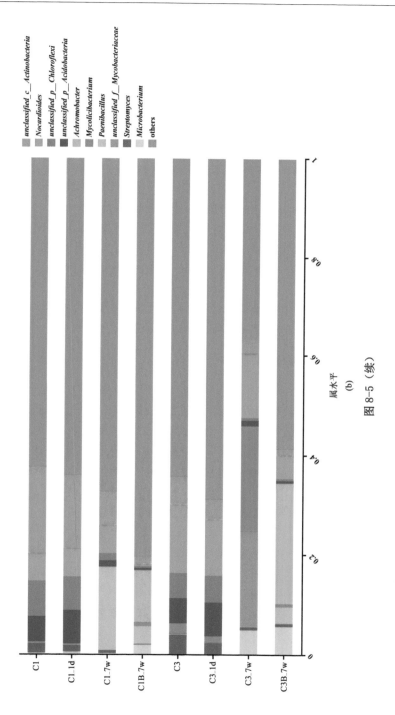

图 8-5（续）

门)占比分别下降为10％、1％和1％。NB土壤中PS氧化7周后 *Actinobacteria*（放线菌门）占比由对照组中的57％上升为89％，成为绝对优势菌门。PS-功能菌联合修复处理后NB土壤中 *Proteobacteria*（变形菌门）、*Actinobacteria*（放线菌门）和 *Firmicutes*（厚壁菌门）为优势菌，占比分别为45％、37％和10％。

属水平上，氧化1 d后，XZ土壤中优势菌属为 *unclassified_c_Actinobacteria*（17％）、*Nocardioides*（6％）、*unclassified_p_Chloroflexi*（7％）、*unclassified_p_Acidobacteria*（5％）、*Streptomyces*（2％）。PS氧化和PS-功能菌联合修复7周后，土壤中群落结构发生明显改变。PS氧化后，XZ土壤中 *Paenibacillus* 占比由不足1％上升为17％。PS-功能菌联合修复7周后，XZ土壤 *Achromobacter*、*Paenibacillus*、*Microbacterium* 变为优势菌属，分别占比10％、4％、2％。

氧化1 d前后NB土壤与XZ土壤生物群落结构类似，除上述优势菌种外，*Mycolicibacterium* 也是优势菌属，分别占比2％和1％。氧化修复7周后，NB土壤中，优势菌属 *Nocardioides*（13％）、*Mycolicibacterium*（21％）、*unclassified_f_Mycobacteriaceae*（19％）、*Microbacterium*（5％）占比大幅度上升。PS-功能菌联合修复7周后，NB土壤与XZ土壤生物群落结构类似，优势菌属 *Achromobacter*、*Paenibacillus*、*Microbacterium* 分别占比24％、3％、6％。

8.5.3　环境因子与微生物群落结构关联分析

使用方差膨胀因子（variance inflation factor，VIF）分析优先进行环境因子筛选，保留那些相互作用较小的环境因子，进行后续研究。通过对脲酶、FDA水解酶、多酚氧化酶、磷酸酶、漆酶、过氧化物酶、木质素过氧化物酶、木质素含量、pH值、SOM、DOC、Zeta电位、菲、蒽等14个环境因子分析，筛选出DOC、菲、Zeta电位、漆酶、木质素过氧化物酶和木质素含量6个环境因子进行RDA/CCA分析。

如图8-6所示，细菌对土壤微生物群落分布的影响最大。氧化修复1 d后土壤中微生物群落结构与氧化前接近。对XZ污染土壤中微生物分布影响程度由大到小分别为菲＞木质素含量＞漆酶＞Zeta电位＞DOC＞木质素过氧化物酶。NB污染土：木质素含量≈木质素过氧化物酶＞菲≈漆酶≈DOC＞Zeta电位。

修复7周后，无论是PS氧化还是PS-功能菌联合修复处理组中微生物群落结构均发生较大的改变。氧化：XZ土壤中Zeta电位≈DOC≈木质素过氧化物酶＞菲≈木质素含量≈漆酶。NB土壤中Zeta电位＞DOC＞菲＞木质素过氧化物酶＞木质素含量＞漆酶。氧化7周后，两种土壤中微生物分布最大的影响因素均为Zeta电位和DOC，木质素含量和土壤漆酶的影响均为最小。

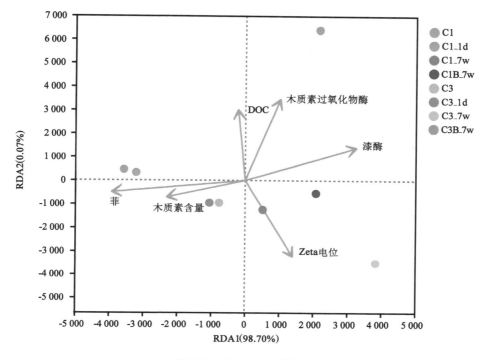

图 8-6　RDA/CCA 分析

　　PS-功能菌联合修复 7 周后,各因子对两种土壤中微生物分布的影响程度差异最大。XZ 中,影响程度由大到小分别为 Zeta 电位＞DOC＞菲＞木质素含量＞漆酶＞木质素过氧化物酶,NB 土壤中分别为木质素过氧化物酶＞DOC＞Zeta 电位＞漆酶＞木质素含量＞菲。XZ 土壤中木质素过氧化物酶影响最小,NB 土壤则相反,木质素过氧化物酶影响最大。

8.5.4　物种与酶基因差异分析

　　图 8-7 为各处理组中 PAHs 降解酶相关基因。K00448、K00457、K03381、K11948、K04100、K18242 分别代表原儿茶酸 3,4-双加氧酶、4-羟基苯基丙酮酸双加氧酶、邻苯二酚 1,2-双加氧酶、1-羟基-2-萘双加氧酶、原儿茶酸盐 4,5-双加氧酶、水杨酸 5-羟化酶,XZ 土壤中,PS-功能菌联合修复后原儿茶酸 3,4-双加氧酶(K00448)、4-羟基苯基丙酮酸双加氧酶(K00457)、邻苯二酚 1,2-双加氧酶(K03381)、水杨酸 5-羟化酶(K18242)显著高于对照组、氧化 1 d 和氧化 7 周处理组。原儿茶酸盐 4,5-双加氧酶(K04100)在修复 7 周后显著升高,单独添加PS 处理高于 PS-功能菌联合修复处理,而 1-羟基-2-萘双加氧酶(K11948)在不

同处理组中基因丰度没有显著变化。

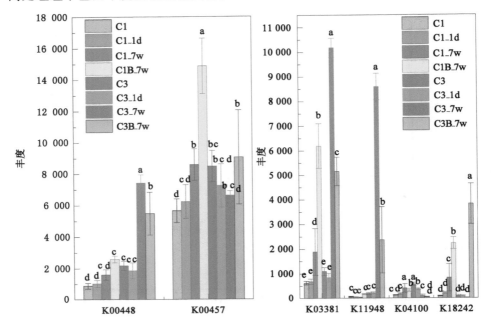

图 8-7　KEGG 功能基因丰度图

NB 土壤则表现不同的趋势。修复 7 周后，原儿茶酸 3,4-双加氧酶（K00448）、邻苯二酚 1,2-双加氧酶（K03381）、1-羟基-2-萘双加氧酶（K11948）和水杨酸 5-羟化酶（K18242）显著升高，然而，仅有水杨酸 5-羟化酶（K18242）在PS-功能菌联合修复处理后显著高于单独添加 PS，单独添加 PS 处理后原儿茶酸 3,4-双加氧酶（K00448）、邻苯二酚 1,2-双加氧酶（K03381）和 1-羟基-2-萘双加氧酶（K11948）均高于 PS-功能菌联合修复。此外，4-羟基苯基丙酮酸双加氧酶（K00457）在修复过程中没有显著性变化，原儿茶酸盐 4,5-双加氧酶（K04100）修复后显著降低。

图 8-8 为环境因子、土壤 PAHs 浓度和酶活性的相关性网络分析图，红色代表正相关，绿色代表负相关，线条粗细与相关性成正比。K01999、K00059、K00681、K01784、K00615、K03406、K02529、K02031、K07090、K02026、K01915、K02025、K02027、K01652、K02034、K02030、K00135 与土壤中菲和蒽浓度成反比。此外，K02035、K01895、K03466、K06147、K03701、K01692、K00249、K00626、K03046、K01992 与菲的降解没有相关性，与蒽的降解成反比。此外，仅有 K01999 与土壤木质素过氧化物酶成正比，K00059、K00681、K01784、

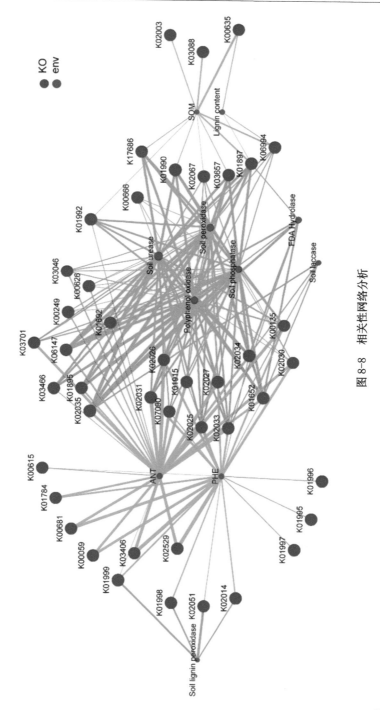

图 8-8　相关性网络分析

K00615、K03406、K02529 与土壤酶活性不相关,剩余 PAHs 降解相关基因丰度与脲酶、FDA 水解酶、多酚氧化酶、磷酸酶、漆酶、过氧化物酶、木质素过氧化物酶具有较强的正相关性。

木质素过氧化物酶仅与 K01999、K01998、K02051 和 K02014 的基因丰度成反比,除 K01999 与土壤中蒽的剩余浓度呈较弱的反比关系外,所有基因仅与土壤中菲的剩余浓度成反比。SOM 与 K01992、K17686、K01990、K02067、K03657、K01897、K06994 等基因丰度成反比,木质素含量与 K01897 和 K06994 基因丰度成反比。

8.6 低剂量 PS-功能菌对微生物驱动作用

如图 8-9 所示,蓝色代表氧化 PAHs 过程,红色代表生物降解 PAHs 过程,绿色代表 PS 强化生物降解途径,紫色代表生物强化 PS 降解途径。途径中相关作用分别为:① 化学氧化;② 生物降解;③ 提供电子受体;④ 增溶作用;⑤ 产生醌类活化 PS;⑥ 产生醌类电子供体使 Fe^{3+} 转化为 Fe^{2+};⑦ 提供 C、N、P 等营养物质;⑧ 提供低相对分子质量活性基团。

(1)生物通过产生醌类中间体强化 PS 降解

第 5 章研究结果表明,微生物降解 PAHs 过程产生的醌类中间体,在氧化后消失。一方面醌类可充当电子运输载体,使 Fe^{3+} 被还原为 Fe^{2+},促进 Fe^{2+} 活化 PS,如图 8-9 作用⑥;另一方面,醌类还可充当活化剂进一步活化 PS,如图 8-9 作用⑤。

(2)PS 氧化降低风险,提供营养和电子受体强化生物降解

不论是自然衰减还是生物强化与生物刺激,在有机化合物污染土壤修复应用中,化合物的降解速度相当缓慢[125],仅靠生物修复方法无法处理高浓度 PAHs 污染的土壤[126]。Liu 等[4]发现,废弃油井区 15 年废弃时间内持续存在高生态风险。PS 作为强氧化剂减轻污染土壤的 PAHs 负荷及对人类和生态系统造成的紧急风险[127],如图 8-9 中作用①。

本实验结果表明,PS-功能菌联合修复不仅提高了物种丰富度,还促进了物种多样性的恢复(表 8-2)。Van Herwijnen 等[214]研究发现,适量的氧化剂能够促进土壤中持久性有机污染物的微生物修复,20 mmol/L PS 对土壤中苯并[a]芘的降解效率最高,达到 98.7%,对微生物群落活力有显著促进作用,与添加高锰酸钾相比,PS 处理的 PAH 降解基因表达量显著升高($p<0.05$),苯并[a]芘降解效率提高 12%～18%。其原因在于 PS 自身分解过程有效促进微生物的生长代谢,如图 8-9 作用③、①和⑦。PS 一方面氧化 SOM 释放土壤中的硫酸盐、

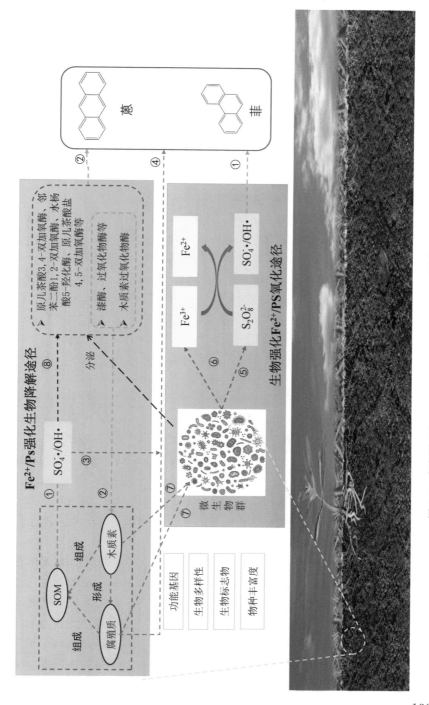

图 8-9 低剂量 PS-*Enterobacter himalayensis* GZ6 对土壤微生物的强化机制

N、磷酸盐和铁等营养物质，另一方面将 $S_2O_8^{2-}$ 和/或 SO_4^- • 转化为电子受体 SO_4^{2-}，营养物质和电子受体的增加可以促进细菌的代谢活性，强化生物降解[266]。

此外，前期研究发现，PS 在土壤中浓度在第 2 d 后发生回弹并保持 5 d 以上，且氧化过程同时观察到 PAHs 在第 6 d 产生回弹效应，PS 的相对持久性可以有效应对土壤中 PAHs 的缓慢解吸。

（3）联合修复优势菌属是原位修复的驱动力

低剂量 PS 氧化对不同土壤微生物群落结构影响不同，然而，PS-功能菌联合修复后，两种土壤微生物优势菌属类似。联合修复使微生物群落优势菌属丰富度上升，是强化微生物原位修复的驱动力。

PS-功能菌联合修复 7 周后，门水平上[图 8-5（a）]，XZ 土壤中 *Proteobacteria*（变形菌门）、*Actinobacteria*（放线菌门）、*Firmicutes*（厚壁菌门）变为优势菌，占比分别为 74%、10%、7%，*Chloroflexi*（绿弯菌门）和 *Acidobacteria*（不动杆菌门）占比均为 1%。NB 土壤中 *Proteobacteria*（变形菌门）、*Actinobacteria*（放线菌门）和 *Firmicutes*（厚壁菌门）为优势菌，占比分别为 45%、37% 和 10%。研究发现，废弃化工厂老化 PAH 污染深层土壤中的主要负责 PAH 降解的土著微生物包括变形菌门（20.86%～81.37%）、绿弯菌门（2.03%～28.44%）、厚壁菌门（3.06%～31.16%）、放线菌门（2.92%～11.91%）、不动杆菌（0.41%～12.68%）和硝化螺菌（0.81%～9.21%）[267]。

属水平上[图 8-5（b）]，PS 氧化和 PS-功能菌联合修复 7 周后，土壤中群落结构发生明显改变。PS 氧化后，XZ 土壤中 *Paenibacillus* 占比由不足 1% 上升为 17%。NB 土壤中优势菌属 *Nocardioides*（13%）、*Mycolicibacterium*（21%）、*unclassified_f_Mycobacteriaceae*（19%）、*Microbacterium*（5%）占比大幅度上升。PS-功能菌联合修复 7 周后，XZ 土壤中 *Achromobacter*、*Paenibacillus*、*Microbacterium* 变为优势菌属，占比分别为 10%、4%、2%。氧化修复 7 周后，PS-功能菌联合修复 7 周后，NB 土壤与 XZ 土壤生物群落结构类似，优势菌属 *Achromobacter*、*Paenibacillus*、*Microbacterium* 占比分别为 24%、3%、6%。Mesbaiah 等[268]从阿尔及利亚受污染的土壤中分离出一株能产生表面活性剂的 PAHs 降解菌（*Paenibacillus* 属），能利用 PAHs 作为唯一的碳源和能源，其生物表面活性剂在暴露于高温（70 ℃）、相对高盐度（20% NaCl）和广泛的 pH 值（2～10）范围内作用。Ubani 等[269]通过原油废污泥共堆肥原位生物修复 PAHs 的研究表明，*Pseudomonas*、*Delftia*、*Methylobacterium*、*Dietzia*、*Bacillus*、*Propionibacterium*、*Bradyrhizobium*、*Streptomyces*、*Achromobacter*、*Microbacterium* 和 *Sphingomonas* 是与碳氢化合物代谢有关的核心优势菌属。

8.7　土壤木质素在联合修复中的作用

（1）土壤木质素通过共代谢诱导 PAHs 降解

木质素是植物细胞壁的木质纤维素成分中最常见的芳香族有机化合物。由于大量有机芳香物质流入土壤，木质素被认为是土壤有机质的主要成分。鉴于木质素和 PAHs 的结构相似性，提出共代谢假说[270]。木质素改良促进 PAHs 在土壤中的耗减，证实木质素对苯并蒽矿化有相当大的刺激作用[17]。苯并蒽降解过程中检测到低浓度苯并（A）蒽-7,12-二酮，该含氧中间体与土壤基质形成不可提取残留物，减少生物可及性。特别是，添加木质素的环境中参与芳香代谢的细菌基因普遍富集[17]。本研究发现，木质素含量与 K01897 和 K06994 基因丰度成反比，木质素通过 K01897 和 K06994 刺激土壤微生物产生脲酶、多酚氧化酶、磷酸酶、过氧化物酶等，间接与 PAHs 的降解基因丰度正相关。木质素诱导下，木质素过氧化物酶则与 PAHs 的降解基因呈直接负相关（图 8-8）。因此，木质素可刺激生物降解、降低生物利用度、大幅降低 PAHs 污染风险。

（2）木质素分解刺激土壤生物酶活性

目前对木质素降解酶的研究主要集中在白腐真菌，但许多土壤细菌如放线菌也能够矿化和溶解聚合木质素和木质素相关化合物[271,272]。真菌和细菌主要产生漆酶和过氧化物酶攻击植物细胞壁的木质素、纤维素和半纤维素以降解木质素。Tuor 等[273]发现细菌（例如，*Streptomyces. viridosporus*）可以氧化酚类化合物，但不能氧化非酚类化合物。本实验发现，PS 氧化和 PS-功能菌联合处理组中木质素含量降低，而功能菌处理组中木质素降解缓慢[图 8-4（h）]。这是因为，Fe²⁺/PS 产生 SO₄⁻·和·OH 不仅能直接氧化包括木质素在内的多种底物，同时为漆酶等酶提供低相对分子质量自由基等媒介，解聚酚类和非酚类木质素聚合物，使不溶性木质素矿化，如作用⑧。土壤中木质素含量与脲酶、FDA 水解酶、多酚氧化酶、磷酸酶、漆酶、过氧化物酶等生物酶呈显著性负相关（表 8-2）。木质素分解刺激土壤微生物产生脲酶、FDA 水解酶、多酚氧化酶、磷酸酶、漆酶、过氧化物酶等，促使土壤 PAHs 进一步降解。

木质素的分解受土壤 pH 值显著影响（表 8-2）。碱性条件下木质素更容易被 PS 氧化分解。木质素过氧化物酶在 pH 值为 3～4.5、温度为 35～55 ℃时，酶活性最高，氧化还原电位为 1.2 V（pH 3.0），是唯一一种能在没有介体的情况下直接催化氧化木质素酚类和非酚类芳族单元的木质素分解酶[271]。因此，在酸性环境中，PS 产生的 SO₄⁻·较少，木质素主要依赖木质素过氧化物酶的氧化分解，导致 PS-功能菌联合修复酸性土壤中 PAHs 效率低下，如作用⑧。

（3）木质素有助于腐殖酸的形成

不同土壤有机质组分的不同导致 PAHs 的分布和氧化效率存在差异。本实验中，XZ、GZ 和 NB 土壤中木质素含量分别为 4.48 mg/g、5.43 mg/g 和 3.37 mg/g，酸性环境中木质素的高稳定性和低降解性有助于腐殖酸的形成，是本实验中酸性土壤存在大量腐殖酸的重要原因（图 8-3，图 8-4）。

研究表明，土壤腐殖酸中芳香结构（C═C）的含量远高于富里酸[260]，因此 PAHs 主要被吸附在腐殖酸中。氧化过程中 C═C 断裂，腐殖酸中的芳香化合物分解，伴随着大量 PAHs 的解吸[274]。Liao 等[260]研究发现，氧化后，PAHs 在轻馏分中的降解率为 39%，在重馏分中接近 90%。在重馏分的不同馏分中，腐殖酸对 PAHs 的吸附量最大且氧化去除效率最高。此外，腐殖酸由疏水性内基（脂肪族和芳香族）和亲水性外基（羧基、酚羟基、蛋白质和多糖）组成[275]，可增加 PAHs 的溶解度，使 PAHs 易与溶液中氧化剂接触，同时提高 PAHs 的生物可得性，如图 8-9 增溶作用④。

尽管腐殖酸的存在有利于提高联合修复过程中 PAHs 的降解效率，然而，与碱性环境相比，酸性土壤中虽然存在大量的腐殖酸，但 PS 氧化和 PS-功能菌联合修复 PAHs 效果较差。推测原因如下：① PS 在酸性环境中产生的 $SO_4^- \cdot$ 较少，由于 PS 的非选择性，腐殖酸与 PS 发生反应，造成 PS 非生产性消耗，降低 PAHs 的降解率[276]；② 富里酸、腐殖酸、微生物代谢产物等可为土壤中的微生物提供碳源，与 PAHs 形成碳源竞争关系；③ 腐殖酸对污染物的吸附限制了 PAHs 的提取和降解，导致污染物的氧化效率低下。

8.8　联合修复 PAHs 污染土壤的修复潜力

（1）PS-功能菌强化土壤微生物代谢 PAHs

PAHs 降解基因丰度（图 8-7）结果表明，12 ℃条件下，修复 7 周后，两种土壤中原儿茶酸 3,4-双加氧酶（K00448）、邻苯二酚 1,2-双加氧酶（K03381）、水杨酸 5-羟化酶（K18242）、原儿茶酸 4,5-双加氧酶（K04100）均显著升高，说明 PAHs 的代谢途径（包括原儿茶酸途径、邻苯二酚途径、水杨酸途径）均得到强化。

然而，PS-功能菌联合修复不同 PAHs 污染土壤，对土壤微生物代谢 PAHs 的路径影响不同。XZ 土壤中，PS-功能菌对微生物修复 PAHs 强化作用最大；在 NB 土壤中，PS 单独氧化对微生物修复的强化作用远超过 PS-功能菌。推测两种土壤中 SOM 含量不同是关键原因。SOM 与 K01992、K17686、K01990、K02067、K03657、K01897、K06994 等功能基因丰度成反比，SOM 通过促进土壤中脲酶、多酚氧化酶、土壤磷酸酶、过氧化物酶和 FDA 水解酶的活性,强化 PAHs 的生物降解(图 8-8)。值得注意的是,无论是 XZ 土壤还是 NB 土壤,PS-功能菌联合修复后,水杨酸 5-羟化酶(K18242)均为最高,PS-功能菌对土著微生物降解 PAHs 的水杨酸途径强化作用最大。

(2)PS-功能菌刺激生物酶活性而降低氧化应激

Song 等[37]施用 30 g/kg PS(3%)氧化 1 d 后,发现土壤微生物产生氧化应激反应,土壤脲酶活性显著降低。本研究使用 0.24%PS 氧化 1 d 后,三种土壤中脲酶、FDA 水解酶、多酚氧化酶、磷酸酶、过氧化物酶、木质素过氧化物酶活性升高;修复 7 周后,与单独接种功能菌修复处理相比,无论是酸性土壤还是碱性土壤,除土壤漆酶外 6 种酶活性均小于等于 PS 氧化处理(图 8-4),证明 0.24% PS 添加不会导致土壤微生物应激,且对微生物生长代谢具有促进作用。PS-功能菌联合修复处理后脲酶、FDA 水解酶、多酚氧化酶、磷酸酶、漆酶、过氧化物酶、木质素过氧化物酶的活性均高于单独 PS 氧化,且碱性土壤中始终高于酸性土壤(图 8-4)。通过相关性网络分析,发现脲酶、多酚氧化酶、磷酸酶、过氧化物酶与土壤中菲和蒽的降解相关基因丰度呈强正相关(图 8-7)。结果进一步证明低温条件下 PS-功能菌对不同 PAHs 污染土壤的修复潜力。

8.9　本章小结

低剂量 PS-*Enterobacter himalayensis* GZ6 修复菲/蒽污染土壤的耦合作用机制如下:微生物产生的醌类中间体充当电子运输载体,使 Fe^{3+}还原为 Fe^{2+},促进 PS 氧化分解 PAHs,低剂量氧化降低微生物的毒害作用;土壤木质素等有机质的氧化和 PS 自身分解提供营养物质及电子供体,刺激关键降解菌占比、功能基因丰度和酶活性升高,强化以水杨酸为主的 PAHs 生物代谢途径。

(1)PS-功能菌对土壤生物修复的驱动主要通过两种途径:① 一方面,0.24%PS 对微生物生长代谢具有促进作用,PS 自身分解氧化 SOM 释放土壤中的硫酸盐、N、磷酸盐和铁等营养物质,另一方面,将 S$_2$O$_8^{2-}$和/或 SO$_4^-$·转化为电子受体 SO$_4^{2-}$,营养物质和电子受体的增加可以提高土壤微生物物种丰富度,促进物种多样性的恢复,强化生物降解。② Fe^{2+}/PS 产生 SO$_4^-$·和·OH 氧化木质素,漆酶等酶通过氧化产生的低相对分子质量自由基解聚酚类和非酚类木质素聚合物,使不溶性木质素矿化,刺激土壤微生物产生脲酶、FDA 水解酶、多酚氧化酶、磷酸酶、漆酶、过氧化物酶等,间接促使土壤 PAHs 进一步降解。

(2)在酸性环境中 PS-功能菌修复效率低下的原因:与碱性环境相比,酸性环境中木质素主要依赖木质素过氧化物酶的氧化分解,大量的腐殖酸造成 PS

非生产性消耗,吸附 PAHs 降低其生物可得性。此外,富里酸、腐殖酸、微生物代谢产物等可为微生物提供碳源,与 PAHs 碳源竞争,导致其修复效率低下。

(3)PS-功能菌联合修复 7 周后,XZ 土壤与 NB 土壤群落结构类似,优势菌属均为 *Achromobacter*、*Paenibacillus*、*Microbacterium*,占比分别为 10%、4%、2% 和 24%、3%、6%。

(4)修复 7 周后,两种土壤中原儿茶酸 3,4-双加氧酶(K00448)、邻苯二酚1,2-双加氧酶(K03381)、水杨酸 5-羟化酶(K18242)、原儿茶酸盐 4,5-双加氧酶(K04100)均显著升高,说明 PAHs 的代谢途径(包括原儿茶酸途径、水杨酸途径)均得到强化。其中,PS-功能菌联合后两种土壤中水杨酸 5-羟化酶(K18242)均为最高,PS-功能菌对土著微生物降解 PAHs 的水杨酸途径强化作用最大。

9 PS-*Enterobacter himalayensis* GZ6 修复现场石油烃污染土壤及调控因子

现场有机污染物的生物修复受生物和非生物环境因素的影响,使实验室研发修复技术在现场应用面临挑战。此外,非生物因子如土壤 pH 值、温度、氧气、养分有效性和土壤质地等影响接种功能菌的存活和降解活性。因此,本章考察① 探究土著菌群对 PS-*Enterobacter himalayensis* GZ6 修复现场石油烃污染土壤的影响;② 量化非生物环境参数对 PS-*Enterobacter himalayensis* GZ6 的影响;③ 研究 PS-*Enterobacter himalayensis* GZ6 修复现场石油烃污染土壤过程中,氧化和生物修复对石油烃不同组分的贡献。

9.1 修复期间土壤石油烃的剩余量及馏分变化

如图 9-1(a)所示,实验室检测土壤 TPH 的初始浓度为($16\ 622.87 \pm 23.06$) mg/kg,其中,石油烃馏分以 C10~C17 为主,占比 66%,其次是 C18~C30（33%）,C31~C40 含量最少,约为 1%[图 9-1(b)]。氧化后 TPH 的剩余浓度为 7 663.10 mg/kg,降解率为 53.90%[图 9-1(a)]。此时,石油烃馏分以 C10~C17 为主,占比 80%,其次是 C18~C30（17%）,C31~C40 占比上升为 3%[图 9-1(b)]。

接种功能菌（B4）20 d,土壤中 TPH 的剩余浓度为($3\ 586.99 \pm 66.279\ 3$) mg/kg,降解率为 78%。此后降解率略有上升,反应 46 d,土壤中 TPH 的剩余浓度为($4\ 192.30 \pm 91.217\ 3$) mg/kg,降解率为 75%。反应 103 d,土壤中 TPH 的剩余浓度为($4\ 869.54 \pm 66.28$) mg/kg,仅接种功能菌处理组对 TPH 的降解率达 71%。此时,石油烃馏分 C18~C30 为主（51%）,C10~C17 占比下降为 48%,C31~C40 占比保持不变。

OB10 氧化-土著菌组 TPH 变化趋势与 B4 接近[图 9-1(a)],修复 57 d,TPH 浓度下降为($4\ 631.62 \pm 100$) mg/kg,降解率为 72%。修复 88 d 降解率回弹至 64%,此后剩余浓度小幅度波动。反应 103 d,土壤 TPH 剩余浓度降为（$4\ 869.54 \pm 583.31$) mg/kg,降解率约为 71%。石油烃馏分以 C10~C17 为主,占比 56%,其次是 C18~C30（43%）,C31~C40 占比为 1%[图 9-1(b)]。

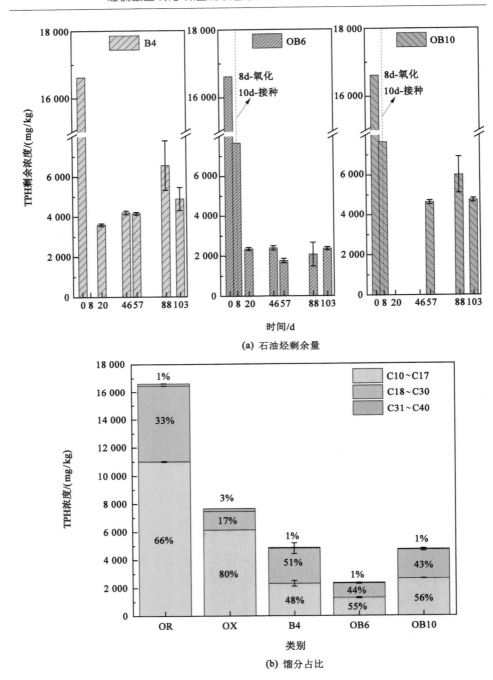

(a) 石油烃剩余量

(b) 馏分占比

图 9-1　修复期间土壤石油烃的剩余量、馏分占比及组分

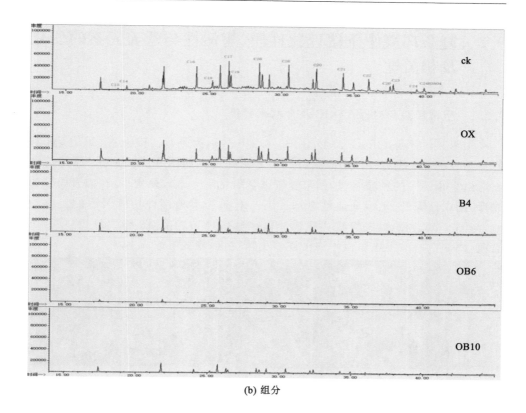

(b) 组分

图 9-1 （续）

　　OB6 氧化后接种功能菌联合修复 10 d，土壤中 TPH 的浓度迅速下降为 (2 347.36±71.53) mg/kg，降解率达到 86%[图 9-1(a)]。此后，土壤中的 TPH 浓度略有波动，修复 100 d 后，土壤中 TPH 的浓度降解率稳定在 86%。石油烃的馏分以 C10～C17 为主，占比 55%，其次是 C18～C30(44%)，C31～C40 占比为 2%[图 9-1(b)]。

　　如图 9-1(c)所示，原始污染土壤中，石油烃以＜C30 链烃为主，还有部分 C24 芳香族含氧化合物。与原始污染土壤对比，各处理组的土壤中石油烃组分种类虽然没有减少，但含量却大幅度降低[图 9-1(b)]。

　　在反应进行了 103 d 后，第三方检测 B4 和 OB6 结果分别为 725 mg/kg 和 551 mg/kg，均低于 826 mg/kg，满足国家建设用地土壤污染风险管控标准[277]。

9.2 复杂环境中土壤理化性质、酶活性与营养元素的变化及相关性

9.2.1 土壤形貌、有机质、DOC 及含水率变化

如图 9-2 所示，OR 、OX、B4、OB6、OB10 分别为原始污染土壤、氧化 1 d 和修复 103 d 后功能菌、PS-功能菌、PS-土著菌处理。如图 9-2(a)所示，原始污染土壤由大小不一的颗粒组成，团聚性较强。氧化后土壤粒径变小，颗粒表面较为光滑，团聚性降低，土壤分散性增加。图 9-2(c)为单独接种功能菌后的土壤颗粒，与图 9-2(b)相比，颗粒较为粗糙。氧化后接种功能菌[图 9-2(d)]和接种土著菌[图 9-2(e)]，土壤表面增加了许多小颗粒，粗糙度增加。

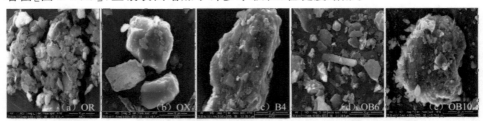

图 9-2　修复 103 d 后土壤扫描电子显微镜图

如表 9-1 所示，修复期间，原始污染土含水率约为 1.56%，有机质含量约为 3.58%，氧化后含水率升高到 2.31%，有机质含量下降为 3.06%，说明 PS 氧化不仅去除了土壤中的石油烃，同时也无差别氧化了土壤中的有机质。接种功能菌反应 103 d，B4 含水率降低为 1.51%，有机质含量升高为 3.65%。氧化后接种功能菌 OB6 和土著菌，含水率分别为 1.86% 和 1.88%，有机质含量分别为 3.07% 和 3.56%。与氧化后相比，氧化后接种功能菌组 OB6 和氧化后接种土著菌组 OB10 的有机质含量介于氧化后和只接种功能菌组 B4 之间，说明氧化后接种功能菌和土著菌均有利于土壤有机质含量的增加。此外，B4 含水率最低，说明功能菌的生长代谢需要充足的水分。

表 9-1　土壤有机质、DOC 及含水率变化

	OR	OX	B4	OB6	OB10
SOM/%	3.58	3.06	3.65	3.07	3.56
DOC/(mg/kg)	46.80	46.80	212.00	85.40	51.55
含水率/%	1.56	2.31	1.51	1.86	1.88

氧化前后,DOC 含量保持稳定约为 46.80 mg/kg。氧化后接种功能菌,修复 103 d 后,OB6 上升至 85.40 mg/kg,此时仅接种功能菌 B4 DOC 含量为 212.00 mg/kg,氧化后与土著菌联合处理组 OB10 DOC 含量为 51.55 mg/kg。说明相比于土著菌,功能菌可以通过利用土壤中的有机组分,例如石油烃、腐殖酸等有机质,产生溶解性物质,显著增加土壤中 DOC 的含量,为土壤微生物的生长创造有利条件。尽管 PS 氧化对土壤 DOC 含量变化的影响较小,但 PS 氧化会引起土壤环境的改变,例如类黄腐酸和类腐殖质的含量增加,土壤酸性和盐度增加等[202],对功能菌和土著菌生产 DOC 的过程产生消极影响。

9.2.2　土壤营养元素的变化

如表 9-2 所示,氧化后,TC 由 5.12% 下降为 2.00%,接种功能菌和土著菌有利于土壤 TC 的升高。值得注意的是,接种功能菌后,土壤中的 TP 含量几乎保持不变,TN 由 9.36×10^2 mg/kg 上升至 1.15×10^3 mg/kg;最终修复后,TP 上至 719 mg/kg,TN 下降为 1.02×10^3 mg/kg,均高于原始土壤。氧化后,土壤 TP 和 TN 由 715 mg/kg 和 9.36×10^2 mg/kg 上升为 764 mg/kg 和 9.98×10^2 mg/kg,修复后 TP 下降为 739 mg/kg(OB6)和 723 mg/kg(OB10),高于单独微生物处理组(B4)和原始土壤;TN 下降为 7.29×10^2 mg/kg(OB6)和 7.92×10^2 mg/kg(OB10),低于单独微生物处理组(B4)和原始土壤。

表 9-2　土壤营养元素及 CEC 变化

修复时间 /d	编号	AP /(mg/kg)	TP /(mg/kg)	TN /(mg/kg)	HN /(mg/kg)	TC /%	CEC /(cmol/kg)(+)
8	OR	10.6	715	9.36×10^2	36.3	5.12	8.8
	B4	8.98	717	1.15×10^3	79.2	2.47	10.2
	OX	9.34	764	9.98×10^2	55.5	2.00	10.3
103	B4	6.20	719	1.02×10^3	49.9	2.67	9.7
	OB6	8.09	739	7.29×10^2	67.3	2.46	9.5
	OB10	9.00	723	7.92×10^2	53.4	2.54	9.6

不同处理组中 AP 在 TP 中的占比均为 1%,修复前后变化不大。单独微生物处理组的 HN 在 TN 中的占比由 7% 下降为 5%,接近原始土壤(4%);而化学-功能菌和化学-土著菌处理组中,HN 在 TN 中的占比由 6% 分别上升为 9% 和 7%。土壤中 N、P 同时添加可最大增强 C 的矿化,单独接种功能菌后,TN∶TP 由 1.31 上升为 1.60,氧化前后 TN∶TP 保持为 1.31。修复后,无论是单独微生

物处理（B4）还是化学联合微生物处理组（OB6、OB10）中，TN∶TP 均有下降，其中氧化-功能菌和氧化-土著菌由 1.31 分别下降为 0.99 和 1.10。添加的营养液中包含 Na^+、K^+、Ca^{2+}、Mg^{2+} 等阳离子，PS 的添加也会在土壤中引入 Na^+。在土壤中接种功能菌和添加 PS 后，土壤 CEC 由 8.8 cmol/kg（＋）上升至 10.2 cmol/kg（＋）和 10.3 cmol/kg（＋）。

9.2.3　修复期间土壤 pH 值、EC 及 ORP 的变化

如图 9-3（a）所示，PS 氧化降低了土壤环境的 pH 值，且需要一定的时间恢复。相比于化学氧化，功能菌修复对土壤 pH 值的影响更小。徐州土壤呈碱性，pH 值约为 8.35，B4 的土壤 pH 值接种功能菌后 15 d 稍有下降，随后缓慢恢复，103 d 后上升至 8.54。PS 氧化反应后会产生 H^+ 和 SO_4^{2-}，所以 OB6、OB10 池加入 1.5%PS 氧化后，pH 值为 7.83～7.84，与初始土壤（pH＝8.36）相比，下降了 0.52～0.53。接种功能菌与土著菌 79 d 后开始缓慢上升，94 d 后，pH 值约为 8。

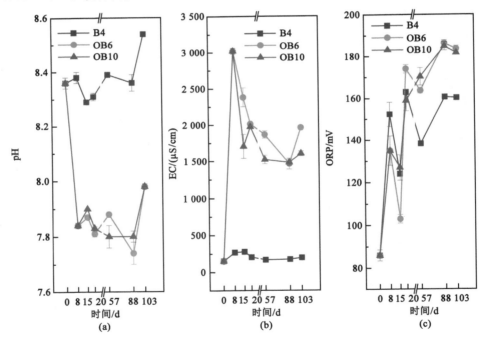

图 9-3　修复期间土壤 pH 值、EC 及 ORP 的变化

PS 的添加使土壤中可溶性盐含量增大。土壤电导率（EC）作为可溶性养分的一种测量方法，可用于监测土壤中可溶性矿物盐含量。EC 变化规律如图 9-3（b）

所示,与原始土壤相比(152 μS/cm),添加 Fe^{2+} 活化剂和 1.5% PS 后,OB6 和 OB10 的 EC 由 152.5 μS/cm 迅速升高到 3 020 μS/cm。此后迅速下降,12 d 后下降速率变缓,至 103 d,EC 分别为 1 961 μS/cm 和 1 605 μS/cm。原因可能如下:活化剂和氧化剂的添加使土壤 EC 迅速升高,反应结束后 EC 迅速下降,此后,由于土壤微生物的生长代谢,可溶性盐度缓慢降低。与氧化组(OB6、OB10)相比,仅接种功能菌组(B4)有明显的差异。接种功能菌 15 d 后,土壤 EC 上升至 280 μS/cm,猜测上升原因是接种功能菌时在土壤中引入了营养液,营养液中的可溶性盐度使 EC 上升,此后缓慢下降,最终为 198 μS/cm。

如图 9-3(c)所示,土壤氧化还原电位表征介质氧化性或还原性的相对程度,对土壤的化学和生物学过程有重要的影响,是理解土壤的性质和过程的重要参数。ORP 随时间的总体变化趋势相同,三个处理组的变化在 20 d 前没有明显的差异,此后,仅接种功能菌组(B4)的上升速率变慢,ORP 降低为 160.33 mV,氧化-生物修复组(OB6、OB10)的 ORP 逐渐上升为 183.67 mV 和 181.67 mV。相比仅接种功能菌组(B4),氧化-生物修复组(OB6、OB10)更具持续氧化修复潜力。

9.2.4 修复期间土壤酶活性的变化

结合气象局数据(表 9-3),0~20 d 现场平均最低气温为 22 ℃,21~57 d 平均最低气温为 13 ℃,58~103 d 平均最低气温为 5 ℃,土壤温度与气温变化趋势一致。同时,定期补水以控制土壤湿度为 10%~20%。

表 9-3 修复期间土壤的温度与湿度

	时间/d	20	46	57	88	103
B4	温度/℃	31.8	19	19.3	11.3	16
	湿度/%	19.7	19.7	8.7	10.6	15.2
OB6	温度/℃	30.2	19.5	19.7	12.6	15.1
	湿度/%	18.5	13.5	9.1	13.9	13.3
OB10	温度/℃	30.3	23.6	18.9	12.6	16.8
	湿度/%	24	25.7	15.6	11.8	11.3

将脱氢酶和脂肪酶活性作为土壤健康的指标。脱氢酶是大多数土壤微生物中独有的胞内酶,其活性是微生物总氧化潜能的估计,用作监测微生物活性的指标。如图 9-4(a)所示,修复过程中土壤脱氢酶活性先升高后降低。OB6 和 OB10 脱氢酶活性在 20 d 以后逐渐降低至 0.5 TPF μg/(g·h)左右,B4 脱氢酶

活性从 57 d 才开始逐渐下降，始终大于 OB6 和 OB10。

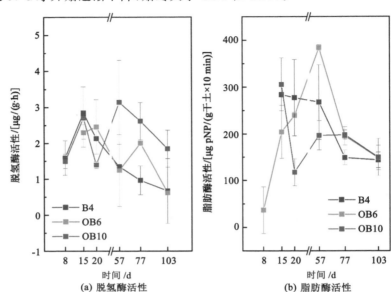

图 9-4　修复期间土壤脱氢酶及脂肪酶活性

　　污染土壤中的脂肪酶活性是监测石油生物降解的宝贵工具。脂肪酶促进酯基断裂，增加亲水性有机物而提高其溶解度，石油烃生物利用度相应提升，有利于石油烃的去除。脂肪酶活性如图 9-4(b)所示，20 d 以后，随着开始降温（<20 ℃），B4 和 OB10 的脂肪酶活性最终降低为 150 μg pNP/（g 干土×10 min）左右，此时 TPH 剩余量几乎保持不变。值得注意的是，OB6 脂肪酶活性持续增加到 57 d 才开始下降，最终与 B4 和 OB10 相差无几。

9.2.5　理化性质、酶活性、石油烃组分与营养成分相关性分析

　　基于 Pearson 相关性，对联合修复后的石油烃降解、土壤理化性质和生物酶活性之间的相关性进行分析。由表 9-4 可知，TPH 仅与脱氢酶活性显著正相关（$p=0.004$）。C10～C17 的剩余浓度与土壤有机质显著正相关（$p=0.004$），与 ORP 极显著负相关（$p=0.01$）。C18～C30 与 C10～C17 相关性类似，除此以外，C18～C30 的剩余浓度与 CEC 显著正相关（$p=0.033$）。C31～C40 与 pH 值极显著正相关（$p=0.003$），而与土壤 EC 极显著负相关（$p=0.001$）。值得注意的是，土壤中 AP 与 ORP 极显著负相关（$p=0.006$），与土壤脱氢酶活性极显著正相关（$p=0.003$）。

表 9-4 相关性分析

	TPH	C10~C17	C18~C30	C31~C40	pH	EC	ORP	有机质	AP	TP	TN	HN	TC	CEC	脱氢酶活性	脂肪酶活性
TPH	1	-0.496	-0.261	0.142	0.280	-0.314	0.218	-0.081	0.279	0.994	-0.727	-0.716	0.954	0.905	0.841**	0.319
C10~C17	-0.496	1	0.856*	0.114	0.282	-0.289	-0.941**	0.893*	0.981	0.553	-0.944	-0.949	0.705	0.795	-0.503	-0.681
C18~C30	-0.261	0.856*	1	0.576	0.664	-0.720	-0.826*	0.950**	0.699	0.927	-0.965	-0.961	0.982	0.999*	-0.426	-0.282
C31~C40	0.142	0.114	0.576	1	0.953**	-0.973**	-0.255	0.527	-0.053	0.903	-0.460	-0.446	0.802	0.713	-0.077	0.472
pH	0.280	0.282	0.664	0.953**	1	-0.977**	-0.323	0.586	0.249	0.991	-0.706	-0.694	0.945	0.891	0.124	0.446
EC	-0.314	-0.289	-0.720	-0.973**	-0.977**	1	0.294	-0.601	-0.198	-0.982	0.667	0.656	-0.926	-0.866	-0.119	-0.484
ORP	0.218	-0.941**	-0.826*	-0.255	-0.323	0.294	1	-0.826**	-1.000**	-0.371	0.857	0.865	-0.546	-0.655	0.498	0.494
有机质	-0.081	0.893*	0.950**	0.527	0.586	-0.601	-0.826**	1	0.908	0.733	-0.995	-0.997	0.852	0.915	-0.232	-0.272
AP	0.279	0.981	0.699	-0.053	0.249	-0.198	-1.000**	0.908	1	0.380	-0.862	-0.870	0.553	0.662	1.000**	-0.881
TP	0.994	0.553	0.927	0.903	0.991	-0.982	-0.371	0.733	0.380	1	-0.796	-0.786	0.981	0.945	0.383	0.103
TN	-0.727	-0.944	-0.965	-0.460	-0.706	0.667	0.857	-0.995	-0.862	-0.796	1	1.000*	-0.899	-0.950	-0.864	0.520
HN	-0.716	-0.949	-0.961	-0.446	-0.694	0.656	0.865	-0.997	-0.870	-0.786	1.000*	1	-0.892	-0.945	-0.872	0.533
TC	0.954	0.705	0.982	0.802	0.945	-0.926	-0.546	0.852	0.553	0.981	-0.899	-0.892	1	0.991	0.557	-0.093
CEC	0.905	0.795	0.999*	0.713	0.891	-0.866	-0.655	0.915	0.662	0.945	-0.950	-0.945	0.991	1	0.665	-0.228
脱氢酶活性	0.841**	-0.503	-0.426	-0.077	0.124	-0.119	0.498	-0.232	1.000**	0.383	-0.864	-0.872	0.557	0.665	1	0.318
脂肪酶活性	0.319	-0.681	-0.282	0.472	0.446	-0.484	0.494	-0.272	-0.881	0.103	0.520	0.533	-0.093	-0.228	0.318	1

注:(1) ** 在置信度(双测)为 0.01 时,相关性是显著的;

(2) * 在置信度(双测)为 0.05 时,相关性是显著的。

9.3 修复前后土壤微生物响应

9.3.1 修复前后土壤微生物结构变化

图 9-5 为不同处理组在 Domain 水平、Phylum 水平、Species 水平(前 20 种)的微生物群群落结构。污染土壤中的微生物主要包括细菌、古菌、少量的病毒和真菌,其中细菌占比最大[图 9-5(a)]。由图 9-5(b)看出,门水平上,与 OR 相比,氧化后放线菌门(*Actinobacteria*)、奇古菌门(*Thaumarchaeota*)和厚壁菌门(*Firmicutes*)占比增加,分别由 31%、3%、0.4% 上升至 53%、5% 和 1%,变形杆菌门(*Proteobacteria*)、不动杆菌门(*Acidobacteria*)和念珠菌门(*Candidatus_Rokubacteria*)占比则下降,分别由 36%、10% 和 3% 下降至 24%、3% 和 1%。在联合修复期间,B4、OB6 和 OB10 中,*Proteobacteria*、*Acidobacteria* 和 *Candidatus_Rokubacteria* 的占比逐渐恢复。值得注意的是,细菌 *Bacteroidetes* 的比例低于 0.4%,氧化前后几乎没有发生改变,但在联合修复后,占比上升至 1%~4%。

将图 9-5(c)与 OR 对比发现,氧化后,古菌如 *Nitrosopumilales_archaeon* (1%),细菌如 *Acinetobacter indicus*(15%)、*Nocardioidesiriomotensis*(1%)、*Solirubrobacterales_bactenium*(1%)等优势菌的占比增高。在联合修复后,优势细菌如 *Porticoccaceae_bacrerium*、*Immundisobacter_cernigliae*、*Gammaproteobacteria_bacterium*、*Acidimicrobiaceae_bacterium*、*Gammaproteobacteria_bacterium_HGW_Gammaproteobac* 等的占比上升,最高分别达到 6%、3%、2%、2%、2%。聚类分析发现,在使用 1.5%PS 进行氧化时,微生物群落结构与 OR 类似,这说明 1.5%PS 的氧化剂量对土壤环境的影响在可接受的范围内。

9.3.2 环境因子对微生物群落结构的影响

使用 VIF 分析,筛选出 CEC、AP、TP 和 TN 四个相互作用较小的环境因子进行 RDA 分析。如图 9-6 可知,众多土壤中 TP 显著影响土壤微生物群落的分布($p = 0.03$)。

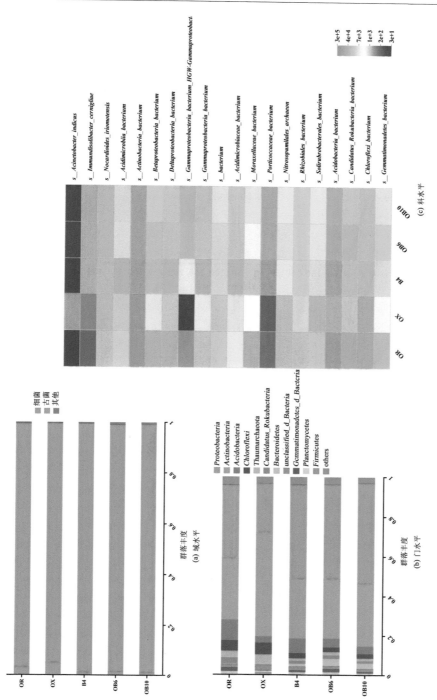

图 9-5 不同处理组微生物群落结构

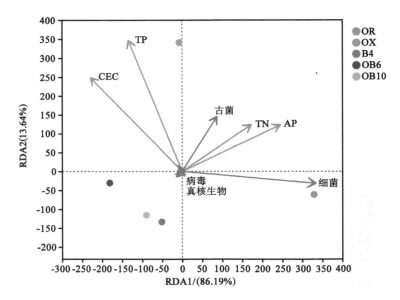

图 9-6　Domain 水平 RDA 分析

9.4　微生物和氧化对联合修复石油烃污染土壤的贡献

（1）微生物和氧化修复不同石油烃组分的分工不同

研究结果表明,化学氧化联合微生物修复比单一氧化或生物修复更有效。原始污染土壤中石油烃以＜C30 链烃为主,还有部分 C24 芳香族含氧化合物［图 9-1(c)］。与原始污染土壤对比,处理组中石油烃各组分含量大幅度降低［图 9-1(b)］。

微生物和氧化降解石油烃分工不同。结果表明,微生物主要降解 C10～C17,且对 C18～C30 和 C31～C40 也具有一定的降解能力。PS 主要氧化 C10～C17 和 C18～C30,相比于功能菌,PS 氧化 C18～C30 具有明显的优势,但几乎不能氧化 C31～C40。与单一功能菌强化修复相比,PS-土著菌修复 C18～C30 效果明显,这归功于 PS 的氧化作用。

PS-功能菌处理组(OB6)修复效果最佳,其次是 PS-土著菌处理组(OB10)和单独功能菌修复组(B4),单独 PS 氧化组(OX)最差。与 B4 相比,OB10 中 C10～C17 的剩余浓度较高,PS 将 C18～C30 的长链石油烃氧化分解成短链烃,使 C10～C17 占比增加。OB6 中 TPH 的降解速率最快,降解率约 15%。PS 氧化产生 H^+ 和 Na_2SO_4,造成酸性和盐度环境胁迫,必然抑制土壤微生物的生长代谢。驯化筛选的功能菌在低温(12 ℃)、酸性(pH=3~7)、盐度(0~80 mmol/L Na$_2$SO$_4$)胁迫下表现出高降解菲能力,显示 20~80 mmol/L Na$_2$SO$_4$ 对功能菌的生长代谢有促进作用。联合修复在保持对 C31~C40 降解性能的基础上,进一步提高了 C10~C17 和 C18~C30 的降解率。

因此,PS-功能菌强化修复石油烃污染土壤比传统氧化-生物修复更具优势。

(2) 微生物和氧化在联合修复不同阶段的贡献不同

PS-功能菌强化修复土壤初期,添加氧化剂后,土壤 TPH 剩余浓度由 (16 622.87±23.06) mg/kg 下降为 7 663.10 mg/kg,降解率为 53.90% [图 9-1(a)],此时 TPH 剩余浓度下降主要归功于 PS 的氧化作用。PS 主要氧化土壤石油烃中 C30 以内的短链烃和中链烃,ORP 越高,氧化潜力越大,PS 无差别氧化土壤有机质和石油烃(<C31),导致土壤有机质含量和 C10~C17 和 C18~C30 同时减少。PS 的分解过程中会产生 Na$^+$、SO$_4^{2-}$ 和 H$^+$ 等离子,从而导致土壤 EC 与 pH 值负相关。C31~C40 主要由微生物分解代谢,PS 在氧化过程产生的中间代谢产物、活性自由基和形成的酸性环境对土壤环境造成了破坏,因而抑制了生物降解 C31~C40。

PS-功能菌强化修复土壤中期,由于氧化作用,土著菌群需要一定的时间适应石油烃污染和氧化造成的恶劣环境。经鉴定,定向驯化筛选出功能菌为 *Enterobacter himalayensis* GZ6,存在于原始污染土壤中。与其相近的霍氏肠杆菌常被用于石油烃污染的修复,可产生生物表面活性剂,在含碱、低温条件下降解石油烃[141]。现场环境温度下降抑制微生物的活性,接种 *Enterobacter himalayensis* GZ6 后,土壤脱氢酶活性由第 15 d 延长至第 57 d 开始下降,且始终高于氧化-生物联合修复处理组(B6、B10)[图 9-4(a)]。此外,PS 氧化对 *Enterobacter himalayensis* GZ6 具有一定的强化作用,同时促进了 *Enterobacter himalayensis* GZ6 对碳氢化合物(烷烃)的生物降解。氧化后,*Enterobacter himalayensis* GZ6 占比由 0.002% 上升为 0.44%,修复 20~57 d,PS-*Enterobacter himalayensis* GZ6 强化修复组的脂肪酶远高于单独接种微生物组和 PS-土著菌组(图 9-4)。因此,功能菌对石油烃污染和氧化后的环境具有较好的适应性。在 PS-功能菌强化修复土壤中期,功能菌对石油烃的降解具有重要贡献。

值得注意的是,PS-功能菌强化修复土壤后期(103 d),TPH 浓度仅与脱氢酶活性显著正相关(p=0.004)(表 9-4),说明联合修复后期土壤微生物为石油烃降解的主要贡献者。然而,修复 103 d 后,在 B4、OB6 和 OB10 组中,霍氏肠杆菌几乎检测不到,土著优势菌群 *Proteobacteria*、*Acidobacteria* 和 *Candidatus_Rokubacteria* 占比逐渐恢复,这是因为土壤中微生物存在种间竞争作用。

Wei 等[278]研究了生物炭、鼠李糖脂生物表面活性剂和 N 的综合应用对路易斯安那州沿海盐沼中石油烃修复及土壤微生物群落的影响,发现鼠李糖脂和 N 导致 *Proteobacteria* 和 *Bacteroidetes* 丰度更高,同时增强了重质和轻质脂肪族化合物的降解(80.9%)。Goua 等[266]研究了老化地下土壤中 PAHs 整体 PS 氧化和缺氧生物降解的潜力,发现在缺氧条件下能够降解 PAHs 的细菌以 *Proteobacteria* 和 *Firmicutes* 为主,随着土壤 PS 用量的增加,*Firmicutes* 呈增加趋势,*Proteobacteria* 呈减少趋势。2017 年,*Immundisolibacterales* 被提议作为 *Gamma proteobacteria* 类中新的目、科、属和种的代表。通过稳定同位素探测其与降解高相对分子质量 PAH 相关,能在芘、菲、蒽、苯并[a]蒽和芴以及氮杂芳烃咔唑上生长,可代谢有限数量的有机酸和产生过氧化氢酶和氧化酶,在中温、中性 pH 值和低盐度条件下有氧生长最适[279]。*Gamma proteobacteria* 和 *Bacterodia* 被证明在 10 ℃和 20 ℃环境中积极参与石油烃的去除[280]。

此外,进行现场修复时,随功能菌一同加入土壤的 LB 培养基,富含多种营养元素,不仅有利于功能菌的生长,同时对土著菌的活动有一定的强化刺激作用。Abtahi 等[140]研究了分离的石油降解菌(PDB)与本地堆肥微生物(ICM)对石油废渣的生物修复过程,发现在堆肥反应器中同时应用 PDB 和 ICM,由于它们之间存在竞争作用,导致 PDB 的有效性下降,这与我们的结论是一致的。Siles 等[280]发现,NPK 施肥和温度升高的情况下,石油烃的降解率显著提高,这与对土著微生物活动的刺激有关。

因此,PS-功能菌强化修复石油烃污染土壤后期(103 d),主要贡献者是土著优势菌群。1.5%PS、霍氏肠杆菌和适量的营养液激活了土著菌中的优势菌如古菌 *Nitrosopumilales_archaeon*,细菌 *Acinetobacter indicus*、*Porticoccaceae_bacrerium*、*Nocardioidesiriomotensis*、*Solirubrobacterales_bactenium*、*Immundisobacter_cernigliae*、*Gamma proteobacteria bacterium*、*Gamma proteobacteria_bacterium_HGW_Gamma proteobac*。

9.5 关键环境因子对联合修复的影响

(1)脱氢酶是污染物降解过程的主要生物催化剂

污染后脱氢酶和脂肪酶活性显著增加。有研究发现,脱氢酶、过氧化氢酶或磷酸酶在石油生物降解最活跃阶段之后下降,与之相反的是,脂肪酶活性在很长一段时间内保持在较高的水平,归因于石油烃生物降解生成了生物可得性更高的中间产物[141],这与我们的研究是一致的。57 d 脂肪酶开始下降,这可能是温度影响脂肪酶活性,中温脂肪酶活性的最佳温度范围为 30 ℃至 65 ℃,现场低于

20 ℃的环境导致脂肪酶活性下降(表 9-3)。

与脂肪酶相比,脱氢酶是直接参与有机物分解和异物解毒的主要生物催化剂,与 TPH 浓度显著正相关。石油烃提供碳源,刺激微生物生长代谢。15 d 脱氢酶活性下降,是因为微生物产生大量脱氢酶降解石油烃,15 d 后场地温度下降,SOM 和石油烃提供的碳源不足,导致微生物数量和代谢下降,而单独的功能菌处理中,因土壤有机质含量较高,脱氢酶活性始终最高(图 9-4)。

(2)土壤 TP 影响生物群落结构,核心在于 AP

筛选相互作用较小的环境因子 CEC、AP、TP 和 TN 进行 RDA 分析(图 9-6),结果发现 TP 对土壤微生物群落的分布影响显著。AP 含量影响污染物矿化,其在 TP 中的占比直接影响生物群落组成[24]。外源营养提供 AP 与土壤碳酸盐反应形成次生磷矿物沉淀如 $CaHPO_4 \cdot 2H_2O$、$MgHPO_4 \cdot 3H_2O$,降低 AP 和功能基因丰度,可减弱生物刺激作用[281]。Braddock 等[282]在实验室微生态圈和野外培养 6 周的中生态圈中研究了营养物添加对污染土壤微生物的影响,P 的添加能大幅度提高微生物种群数量和活性,且当田间土壤微生物活性最大时,土壤 P 浓度为 45 mg/kg。此外,土壤中 AP 与 ORP 极显著负相关($p = 0.006$),与土壤脱氢酶活性极显著正相关($p = 0.003$)(表 9-4)。氧化会降低土壤中 AP 的含量,进而降低脱氢酶活性导致石油烃降解率的降低。

综上,TP 是联合修复过程的关键环境因子,核心在于 AP 的作用。现场修复过程中,可通过添加磷肥增加 AP 占比,提高土壤脱氢酶活性和调控土壤微生物群落分布,刺激 PS-功能菌修复石油烃。

9.6 本章小结

在现场低温、湿度、氧气等环境因素干扰下,石油烃修复过程中土著菌与 *Enterobacter himalayensis* GZ6 具有协同作用;通过 SOM、DOC、土壤 pH 值、营养元素等环境因子与石油烃组分和生物酶的相关性分析,量化非生物环境参数对 PS-*Enterobacter himalayensis* GZ6 修复性能的影响;明确 PS-*Enterobacter himalayensis* GZ6 修复过程中,氧化和生物修复对石油烃不同组分的贡献,建立 PS-*Enterobacter himalayensis* GZ6 原位修复策略。

(1)微生物和氧化修复石油烃组分的分工不同。PS 主要作用 C18~C30,生物修复主要作用 C10~C17,C30~C40 仅能通过生物进行修复。联合修复 103 d,石油烃的降解率比 PS-土著菌(71%)和单一生物修复(71%)高 15%。

(2)微生物和氧化在联合修复不同阶段的贡献不同。PS-功能菌强化修复石油烃污染土壤的前、后期(103 d)主要贡献者是 PS 和土著菌群,霍氏肠杆菌在修复中期作出重要贡献。PS-*Enterobacter himalayensis* GZ6 菌液通过激活土著优势菌群如古菌 *Nitrosopumilales_archaeon*、细菌 *Acinetobacter indicus*、*Porticoccaceae-bacrerium* 等,提高修复效果。

(3) 土壤脱氢酶活性对石油烃的降解影响极显著($p=0.004$),TP 对微生物群落影响显著($p=0.03$)。现场修复过程中可添加磷肥,通过 AP 刺激土壤脱氢酶活性和调控土壤微生物群落分布,以提高 PS-功能菌修复效果。

10　结论与展望

以氧化后土壤受温度、pH 值和盐度等胁迫为出发点,定向筛选功能菌突破生物修复受恶劣环境条件的限制;基于氧化作用机制优化氧化条件;分析了不同土壤理化特性参数与微生物生存代谢的响应关系;优化了 PS 与功能菌协同修复菲/蒽污染土壤的效能并验证其工程应用前景,揭示了 PS 与功能菌联合修复菲/蒽污染土壤的耦合作用机制。

10.1　结论

(1) 以石化污染土壤为菌源,采用"邻苯二酚-菲/蒽"驯化模式,12 ℃下定向驯化和筛选获得一株革兰氏阴性菌:*Enterobacter himalayensis* GZ6。pH=3～6 时,修复 9 d,菲的降解率达 88%～100%;12 ℃时,菲、蒽的降解率均为 20%,28～35 ℃时,菲降解率达 100%,蒽降解率为 77%;添加 Na_2SO_4 量为 20 mmol/L 时可促进 *Enterobacter himalayensis* GZ6 的生长与 PAHs 降解性能,菲的降解率为 62%,均高于对照组。12 ℃时接种 *Enterobacter himalayensis* GZ6 修复高 SOM 酸性污染土壤和中、低 SOM 碱性污染土壤,发现 nahH、HPD、nahG、xlnE、catA、ligA、nagG、antA、nahC 酶降解基因丰度均显著增加,揭示了功能菌可通过刺激多种酶诱导平行代谢途径与土著菌协同修复菲/蒽污染土壤。上述结果表明,*Enterobacter himalayensis* GZ6 可突破生物修复受氧化后低 pH 值、高盐度等恶劣环境条件限制的技术瓶颈。

(2) Fe^{2+}/PS-*Enterobacter himalayensis* GZ6 低温联合修复菲/蒽污染碱性土壤表明,7 周后,两种土壤群落优势菌属均为 *Achromobacter*、*Paenibacillus*、*Microbacterium*;原儿茶酸 3,4-双加氧酶、邻苯二酚 1,2-双加氧酶、水杨酸 5-羟化酶、原儿茶酸盐 4,5-双加氧酶等功能基因丰度显著升高,水杨酸 5-羟化酶最高。Fe^{2+}/PS-*Enterobacter himalayensis* GZ6 强化了 PAHs 的原儿茶酸、水杨酸代谢途径,尤其是水杨酸途径。

(3) 采用 Fe^{2+} 活化 PS 降解菲,探究二者浓度对菲降解的影响发现菲的降解遵循拟一级反应动力学模型,其反应速率常数 k 在 0.002 9～0.076 8 h^{-1} 范围内。确定最佳降解条件为:$c(PS)=10$ mmol/L,$c(Fe^{2+})=5$ mmol/L。此条件下,初始浓度为 0.3 mmol/L 的菲,反应 72 h 后降解率达 89.25%,矿化率为 53.66%,

PS 消耗率达 97％。且溶解有机碳含量（DOC）随降解过程呈现先增加后降低的趋势，主要是由于 PS 会优先与菲反应，之后再与菲的氧化中间产物反应。通过分子探针实验发现，反应体系中存在 SO_4^- • 和 • OH，且 • OH 为主导自由基。此外，GC-MS 分析表明，菲的氧化中间产物主要包括苯甲醚、2-甲基萘和邻苯二甲酸二丁酯等。

（4）通过催化剂 2,6-YD-Fe /C 的制备和优化降解实验发现当 Fe 离子负载量为 3％时，PMS 活化效果最好，同时 PMS：催化剂＝13.5：1 时为最佳氧化条件，对于初始浓度均为 5 mg/L 的 9-芴酮和 9,10-蒽醌 2 h 的降解率为 53.2％和 23.1％。最佳降解条件下对降解体系进行了 EPR 测试，结果表明体系中不存在 SO_4^- • 和 • OH，但 $^1O_2$ 测试正常，体系中出现的关于 $^1O_2$ 的 1：1：1 特征峰与 TEMP 和 $^1O_2$ 产生的 TEMP-$^1O_2$ 加合物（TEMPN）特征峰相同，故而推测 2,6-YD-Fe/C 催化活化 PMS 对 9-芴酮、9,10-蒽醌 的降解主要依靠 $^1O_2$ 和电子转移路径。

（5）基于不同土壤修复过程中的回弹效应和最终修复效果，建立复杂环境中 PS-*Enterobacter himalayensis* GZ6 原位修复工艺：0.24％PS-*Enterobacter himalayensis* GZ6 修复中、低 SOM/碱性土壤，0.24％ PS、单独接种 *Enterobacter himalayensis* GZ6 和 0.48％PS-*Enterobacter himalayensis* GZ6 修复高 SOM/酸性土壤。修复性能验证实验表明，PS 氧化和微生物降解均能降解 C10～C17 和 C18～C30，在 PS-微生物联合作用下，而微生物降解对 C10～C17 效果更好，PS 则主要氧化 C18～C30。对于 C30～C40 污染物，微生物可以降解但效率低下，而 PS 无法氧化。联合修复 103 d，TPH 降解率比 PS-土著菌（71％）和单一生物修复（71％）高 15％。修复中期 *Enterobacter himalayensis* GZ6 激活古菌 *Nitrosopumilales archaeon*、细菌 *Acinetobacter indicus*、*Porticoccaceae_bacrerium*、*Nocardioidesiriomotensis* 等土著菌。

（6）揭示 Fe^{2+} /PS-*Enterobacter himalayensis* GZ6 修复菲/蒽污染土壤的耦合作用机制。自由基测定、土壤理化性质、生物酶活性与微生物多样性综合表明，碱性环境比酸性环境产生更多的 SO_4^- • 和 • OH 且被迅速消耗，生物降解的醌类中间体可在 PAHs 氧化中充当电子运输载体，使 Fe^{3+} 还原为 Fe^{2+} 促进 PS 的活化。Fe^{2+} /PS-*Enterobacter himalayensis* GZ6 对生物修复驱动主要通过：① 0.24％～0.48％PS 自身分解氧化 SOM 释放土壤中的硫酸盐、N、磷酸盐和铁等，将 $S_2O_8^{2-}$ /SO_4^- • 转化为电子受体 SO_4^{2-}。营养物质和电子受体增加提高微生物物种丰富度，促进多样性的恢复，强化生物降解。② 漆酶等通过 Fe^{2+} /PS 产生的 SO_4^- • 和 • OH 低相对分子质量自由基解聚酚类和非酚类木质素聚合物，使不溶性木质素矿化，通过 K01897 和 K06994 基因刺激微生物产生脲酶、多酚氧化酶、磷酸酶、过氧化物酶等,促使 PAHs 降解。

10.2 创新点

(1) 针对氧化后酸度、盐度较高的有机污染场地,面向氧化-微生物修复技术,筛选驯化获得了一株功能菌 *Enterobacter himalayensis* GZ6。

(2) 制备 2,6-YD-Fe/C 材料并优化 2,6-YD-Fe/C-PMS 体系的降解条件,探究最佳氧化条件,并揭示其非自由基型的活化催化机理。

(3) 优化了 $Fe^{2+}/Na_2S_2O_8$-*Enterobacter himalayensis* GZ6 修复菲/蒽污染土壤的效能。

(4) 揭示了 Fe^{2+}/PS-*Enterobacter himalayensis* GZ6 修复菲/蒽污染土壤的耦合作用机制。

10.3 展望

(1) 本研究仅以细菌作为生物降解 PAHs 的功能菌,今后应该进一步构建更广泛基因范围和代谢能力的复合菌系,更快更彻底地降解污染物,并增加对恶劣环境的抗逆性。

(2) 鉴于木质素和 PAHs 的结构相似性,目前对木质素和 PAHs 偶联代谢过程知之甚少,进一步探究木质素诱导下微生物的协同转化机制。

(3) 本研究未考虑矿物、基因型及群落表型和代谢作用的关联性,对营养刺激作用机制关注不足。今后有必要通过土壤矿物分析和分子生物学工具的结合,阐明环境系统中土壤、微生物和修复方法之间的复杂关系。

参 考 文 献

[1] SSEPUYA F, ODONGO S, MUSA BANDOWE B A, et al. Polycyclic aromatic hydrocarbons in breast milk of nursing mothers: correlates with household fuel and cooking methods used in Uganda, East Africa[J]. Science of the Total Environment, 2022, 842:156892.

[2] TREMBLAY L, KOHL S D, RICE J A, et al. Effects of temperature, salinity, and dissolved humic substances on the sorption of polycyclic aromatic hydrocarbons to estuarine particles[J]. Marine Chemistry, 2005, 96(1/2):21-34.

[3] RIVAS F J. Polycyclic aromatic hydrocarbons sorbed on soils: a short review of chemical oxidation based treatments[J]. Journal of Hazardous Materials, 2006, 138(2):234-251.

[4] LIU Q L, XIA C Q, WANG L, et al. Fingerprint analysis reveals sources of petroleum hydrocarbons in soils of different geographical oilfields of China and its ecological assessment[J]. Scientific Reports, 2022, 12(1):4808.

[5] GOU Y L, ZHAO Q Y, YANG S C, et al. Enhanced degradation of polycyclic aromatic hydrocarbons in aged subsurface soil using integrated persulfate oxidation and anoxic biodegradation[J]. Chemical Engineering Journal, 2020, 394:125040.

[6] WILD S R, JONES K C. Polynuclear aromatic hydrocarbons in the United Kingdom environment: a preliminary source inventory and budget[J]. Environmental Pollution, 1995, 88(1):91-108.

[7] LIAO X, WU Z, LI Y, et al. Effect of various chemical oxidation reagents on soil indigenous microbial diversity in remediation of soil contaminated by PAHs[J]. Chemosphere, 2019, 226:483-491.

[8] LIU B, CHEN B, ZHANG B, et al. Photocatalytic ozonation of offshore produced water by TiO$_2$ nanotube arrays coupled with UV-LED irradiation [J]. Journal of Hazardous Materials, 2021, 402:123456.

[9] HUNG C M, HUANG C P, CHEN C W, et al. Activation of percarbonate by water treatment sludge-derived biochar for the remediation of PAH-

contaminated sediments[J]. Environmental Pollution,2020,265:114914.

[10] LI R F,HUA P,ZHANG J,et al. Characterizing and predicting the impact of vehicular emissions on the transport and fate of polycyclic aromatic hydrocarbons in environmental multimedia [J]. Journal of Cleaner Production,2020,271:122591.

[11] LUNDSTEDT S,WHITE P A,LEMIEUX C L,et al. Sources,fate,and toxic hazards of oxygenated polycyclic aromatic hydrocarbons (PAHs) at PAH-contaminated sites[J]. Journal of the Human Environment,2007,36 (6):475-485.

[12] HONG W J,LI Y F,LI W L,et al. Soil concentrations and soil-air exchange of polycyclic aromatic hydrocarbons in five Asian countries[J]. Science of the Total Environment,2020,711:135223.

[13] HAN Y,DU X,FARJAD B,et al. A numerical modeling framework for simulating the key in-stream fate processes of PAH decay in Muskeg River Watershed,Alberta,Canada[J]. Science of the Total Environment, 2022,848:157246.

[14] TUCCA F,LUARTE T,NIMPTSCH J,et al. Sources and diffusive air-water exchange of polycyclic aromatic hydrocarbons in an oligotrophic North-Patagonian Lake[J]. Science of the Total Environment, 2020, 738:139838.

[15] LIU J L,JIA J L,GRATHWOHL P. Dilution of concentrations of PAHs from atmospheric particles, bulk deposition to soil: a review [J]. Environmental Geochemistry and Health,2022,44(12):4219-4234.

[16] CEBRON A,FAURE P,LORGEOUX C ,et al . Experimental increase in availability of a PAH complex organic contamination from an aged contaminated soil: consequences on biodegradation [J]. Environmental Pollution,2013,177:98-105.

[17] LI Q Q,LI J B,JIANG L F,et al. Diversity and structure of phenanthrene degrading bacterial communities associated with fungal bioremediation in petroleum contaminated soil[J]. Journal of Hazardous Materials, 2021, 403:123895.

[18] WILSON S C,JONES K C. Bioremediation of soil contaminated with polynuclear aromatic hydrocarbons (PAHs):a review[J]. Environmental Pollution,1993,81(3):229-249.

[19] DOGAN-SUBASI E, BASTIAENS L, BOON N, et al. Microbial dechlorination activity during and after chemical oxidant treatment[J]. Journal of Hazardous Materials,2013,262:598-605.

[20] BARNIER C, OUVRARD S, ROBIN C, et al. Desorption kinetics of PAHs from aged industrial soils for availability assessment[J]. Science of the Total Environment,2014,470/471:639-645.

[21] MA L L, ZHANG J, HAN L S, et al. The effects of aging time on the fraction distribution and bioavailability of PAH[J]. Chemosphere,2012, 86(10):1072-1078.

[22] 辽宁省环境保护厅. 多环芳烃污染农田土壤生态修复标准:DB21/T 2274—2014[S].沈阳:中国科学院沈阳应用生态研究所,2014.

[23] FASANI E, MANARA A, MARTINI F, et al. The potential of genetic engineering of plants for the remediation of soils contaminated with heavy metals[J]. Plant,Cell & Environment,2018,41(5):1201-1232.

[24] GU W W, LI X X, LI Q, et al. Combined remediation of polychlorinated naphthalene-contaminated soil under multiple scenarios: an integrated method of genetic engineering and environmental remediation technology [J]. Journal of Hazardous Materials,2021,405:124139.

[25] KUPPUSAMY S, THAVAMANI P, VENKATESWARLU K, et al. Remediation approaches for polycyclic aromatic hydrocarbons (PAHs) contaminated soils:technological constraints,emerging trends and future directions[J]. Chemosphere,2017,168:944-968.

[26] PELUFFO M, PARDO F, SANTOS A, et al. Use of different kinds of persulfate activation with iron for the remediation of a PAH-contaminated soil[J]. Science of the Total Environment,2016,563/564:649-656.

[27] CHENG M, ZENG G M, HUANG D L, et al. Hydroxyl radicals based advanced oxidation processes (AOPs) for remediation of soils contaminated with organic compounds:a review[J]. Chemical Engineering Journal,2016,284:582-598.

[28] BOULANGE M, LORGEOUX C, BIACHE C, et al. Fenton-like and potassium permanganate oxidations of PAH-contaminated soils:impact of oxidant doses on PAH and polar PAC (polycyclic aromatic compound) behavior[J]. Chemosphere,2019,224:437-444.

[29] 夏龙祥,何昊东,吴登峰,非均相催化剂催化臭氧氧化处理含酚废水的研究

进展[J].工业水处理,2023,1313:1-14.

[30] TIAN S,LIU Y,JIA L,et al. Insight into the oxidation of phenolic pollutants by enhanced permanganate with biochar:the role of high-valent manganese intermediate species [J]. Journal of Hazardous Materials, 2022,430:128460.

[31] 王勇,张耀宗,毕莹莹,等.含酚废水 α-Fe_2O_3 催化臭氧氧化参数优化及机理分析[J].环境工程技术学报,2022,12(5):1500-1507.

[32] 张毓敏,关智杰,廖小健,等.臭氧耦合超声高效降解全氟辛酸和全氟辛烷磺酸及其机理研究[J].环境科学学报,2023,43(8):1-11.

[33] 张亮,周姝岑,李攀,等.电絮凝-微纳米气泡臭氧氧化工艺处理高盐印染废水的研究[J].环境工程技术学报,2023,13(2):639-647.

[34] YAP C L,GAN S Y,NG H K. Fenton based remediation of polycyclic aromatic hydrocarbons-contaminated soils [J]. Chemosphere, 2011, 83 (11):1414-1430.

[35] LAI X ,NING X A,CHEN J,et al. Comparison of the Fe^{2+}/H_2O_2 and Fe^{2+}/PMS systems in simulated sludge:removal of PAHs,migration of elements and formation of chlorination by-products [J]. Journal of Hazardous Materials,2020,398:122826.

[36] 廖用开,刘爽,钟雅琪,等.高锰酸钾修复 PAHs 污染土壤过程中 Mn 迁移转化规律[J].环境工程学报,2022,16(10):3374-3380.

[37] SONG Y,FANG G D,ZHU C Y ,et al. Zero-valent iron activated persulfate remediation of polycyclic aromatic hydrocarbon-contaminated soils:an in situ pilot-scale study[J]. Chemical Engineering Journal,2019, 355:65-75.

[38] RODRIGUEZ S,VASQUEZ L,COSTA D,et al. Oxidation of Orange G by persulfate activated by Fe(Ⅱ),Fe(Ⅲ) and zero valent iron (ZVI)[J]. Chemosphere,2014,101:86-92.

[39] 魏艳.GO/MnO_2/BiOI 光催化剂制备及催化过硫酸钾降解 RhB 作用研究[D].哈尔滨:哈尔滨工业大学,2022.

[40] FAN G P,WANG Y,FANG G D,et al. Review of chemical and electrokinetic remediation of PCBs contaminated soils and sediments[J]. Environmental Science:Processes & Impacts,2016,18(9):1140-1156.

[41] BEHIN J,AKBARI A,MAHMOUDI M,et al. Sodium hypochlorite as an alternative to hydrogen peroxide in Fenton process for industrial scale

[J]. Water Research,2017,121:120-128.

[42] TROJANOWICZ M,BOJANOWSKA-CZAJKAA A,BARTOSIEWICZA I,et al. Advanced oxidation/reduction processes treatment for aqueous perfluorooctanoate (PFOA) and perfluorooctanesulfonate (PFOS): a review of recent advances[J]. Chemical Engineering Journal,2018,336: 170-199.

[43] HIDALGO K J,SIERRA-GARCIA I N,DELLAGNEZZE B M,et al. Metagenomic insights into the mechanisms for biodegradation of polycyclic aromatic hydrocarbons in the oil supply chain[J]. Frontiers in Microbiology,2020,11:561506.

[44] CHEN G Y,YU Y,LIANG L,et al. Remediation of antibiotic wastewater by coupled photocatalytic and persulfate oxidation system: a critical review[J]. Journal of Hazardous Materials,2021,408:124461.

[45] WANG Y L,HUANG Y,XI P Y,et al. Interrelated effects of soils and compounds on persulfate oxidation of petroleum hydrocarbons in soils [J]. Journal of Hazardous Materials,2021,408:124845.

[46] WEI W,ZHOU D,FENG L,et al. The graceful art,significant function and wide application behavior of ultrasound research and understanding in carbamazepine (CBZ) enhanced removal and degradation by Fe^0/PDS/US [J]. Chemosphere,2021,278:130368.

[47] CHOKEJAROENRAT C,SAKULTHAEW C,ANGKAEW A, et al. Remediating sulfadimethoxine-contaminated aquaculture wastewater using ZVI-activated persulfate in a flow-through system[J]. Aquacultural Engineering,2019,84:99-105.

[48] ZHOU Z,LIU X T,SUN K, et al. Persulfate-based advanced oxidation processes (AOPs) for organic-contaminated soil remediation: a review [J]. Chemical Engineering Journal,2019,372:836-851.

[49] WANG S L,WU J F,LU X Q,et al. Removal of acetaminophen in the Fe^{2+}/persulfate system: kinetic model and degradation pathways[J]. Chemical Engineering Journal,2019,358:1091-1100.

[50] CAI S,HU X X,LU D, et al. Ferrous-activated persulfate oxidation of triclosan in soil and groundwater:the roles of natural mineral and organic matter[J]. Science of the Total Environment,2021,762:143092.

[51] MA J,YANG X,JIANG X C H, et al. Percarbonate persistence under

different water chemistry conditions[J]. Chemical Engineering Journal, 2020,389:123422.

[52] LI X D,WU B,ZHANG,Q, et al. Mechanisms on the impacts of humic acids on persulfate/Fe^{2+}-based groundwater remediation[J]. Chemical Engineering Journal,2019,378:122142.

[53] DUAN X D, YANG S S, WACLAWEK S, et al. Limitations and prospects of sulfate-radical based advanced oxidation processes[J]. Journal of Environmental Chemical Engineering,2020,8(4):103849.

[54] LI Y T, LI D,LAI L J, et al . Remediation of petroleum hydrocarbon contaminated soil by using activated persulfate with ultrasound and ultrasound/Fe[J].Chemosphere,2020,238:124657.

[55] USMAN M, FAURE P, HANNA K, et al. Application of magnetite catalyzed chemical oxidation (Fenton-like and persulfate) for the remediation of oil hydrocarbon contamination[J].Fuel,2012,96:270-276.

[56] CHEN L W, HU X X, YANG Y, et al. Degradation of atrazine and structurally related s-triazine herbicides in soils by ferrous-activated persulfate:kinetics, mechanisms and soil-types effects [J]. Chemical Engineering Journal,2018,351:523-531.

[57] HUSSAIN I, LI M Y, ZHANG Y Q ,et al. Insights into the mechanism of persulfate activation with nZVI/BC nanocomposite for the degradation of nonylphenol[J]. Chemical Engineering Journal,2017,311:163-172.

[58] TIAN H F, WANG Z X, ZHU T L, et al. Degradation prediction and products of polycyclic aromatic hydrocarbons in soils by highly active bimetals/AC-activated persulfate[J]. ACS ES & T Engineering,2021, 1(8):1183-1192.

[59] SATAPANAJARU T, CHOKEJAROENRAT C, SAKULTHAEW C, et al. Remediation and restoration of petroleum hydrocarbon containing alcohol-contaminated soil by persulfate oxidation activated with soil minerals[J]. Water,Air,& Soil Pollution,2017,228(9):345.

[60] WU D,KAN H,ZHANG Y,et al. Pyrene contaminated soil remediation using microwave/magnetite activated persulfate oxidation [J]. Chemosphere,2022,286:131787.

[61] 刘燕泽华.Fe^{2+}-热活化过硫酸钠联合微生物修复菲污染土壤研究[D].徐州:中国矿业大学,2022.

［62］CHEN F,ZENG S Y,MA J,et al. Degradation of para-nitrochlorobenzene by the combination of zero-valent iron reduction and persulfate oxidation in soil[J]. Water,Air,& Soil Pollution,2018,229(10):333.

［63］DUAN X G. Occurrence of radical and nonradical pathways from carbocatalysts for aqueous and nonaqueous catalytic oxidation[J]. Applied Catalysis B:Environmental,2016,188:98-105.

［64］DUAN X G. Synergy of carbocatalytic and heat activation of persulfate for evolution of reactive radicals toward metal-free oxidation[J]. Catalysis Today,2020,355:319-324.

［65］GUAN C T. Oxidation of bromophenols by carbon nanotube activated peroxymonosulfate（PMS） and formation of brominated products: comparison to peroxydisulfate（PDS）[J]. Chemical Engineering Journal, 2018,337:40-50.

［66］PI Y,MA L,ZHAO P,et al. Facile green synthetic graphene-based Co-Fe Prussian blue analogues as an activator of peroxymonosulfate for the degradation of levofloxacin hydrochloride[J]. Journal of Colloid and Interface Science,2018,526:18-27.

［67］REN W,XIONG L L,YUAN X H,et al. Activation of peroxydisulfate on carbon nanotubes:electron-transfer mechanism[J]. Environmental Science & Technology,2019,53(24):14595-14603.

［68］TIAN H F. Characterization and degradation mechanism of bimetallic iron-based/AC activated persulfate for PAHs-contaminated soil remediation[J]. Chemosphere,2021,267:128875.

［69］SONG H. Efficient persulfate non-radical activation of electron-rich copper active sites induced by oxygen on graphitic carbon nitride[J]. Science of the Total Environment,2021,762:143127.

［70］肖鹏飞,安璐,韩爽.炭质材料在活化过硫酸盐高级氧化技术中的应用进展 [J].化工进展,2020,39(8):3293-3306.

［71］HUANG B C,JIANG J,HUANG G X,et al. Sludge biochar-based catalysts for improved pollutant degradation by activating peroxymonosulfate[J]. Journal of Materials Chemistry A,2018,6(19): 8978-8985.

［72］LI C X. Peroxymonosulfate activation for efficient sulfamethoxazole degradation by Fe_3O_4/β-FeOOH nanocomposites:coexistence of radical and non-radical reactions[J]. Chemical Engineering Journal, 2019, 356: 904-914.

[73] DUAN X G. Nonradical reactions in environmental remediation processes: uncertainty and challenges[J]. Applied Catalysis B: Environmental, 2018, 224: 973-982.

[74] 孙金龙, 张宇, 刘福跃, 等. 基于碳基催化剂活化过二硫酸盐降解有机污染物的研究进展[J]. 化工进展, 2021, 40(3): 1653-1666.

[75] CHU C H, YANG J, HUANG D H, et al. Cooperative pollutant adsorption and persulfate-driven oxidation on hierarchically ordered porous carbon[J]. Environmental Science & Technology, 2019, 53(17): 10352-10360.

[76] GUAN C T. Oxidation of bromophenols by carbon nanotube activated peroxymonosulfate (PMS) and formation of brominated products: comparison to peroxydisulfate (PDS)[J]. Chemical Engineering Journal, 2018, 337: 40-50.

[77] CHEN Y L. Reduced graphene oxide-supported hollow Co_3O_4 @ N-doped porous carbon as peroxymonosulfate activator for sulfamethoxazole degradation[J]. Chemical Engineering Journal, 2022, 430: 132951.

[78] XU S, WANG W, ZHU L. Enhanced microbial degradation of benzo[a] pyrene by chemical oxidation[J]. Science of the Total Environment, 2019, 653: 1293-1300.

[79] CHEN K F, CHANG Y C, CHIOU W T. Remediation of diesel-contaminated soil using in situ chemical oxidation (ISCO) and the effects of common oxidants on the indigenous microbial community: a comparison study[J]. Journal of Chemical Technology & Biotechnology, 2016, 91(6): 1877-1888.

[80] ARISTIZÁBAL A, CONTRERAS S, DIVINS N J, et al. Pt-Ag/activated carbon catalysts for water denitration in a continuous reactor: incidence of the metal loading, Pt/Ag atomic ratio and Pt metal precursor[J]. Applied Catalysis B: Environmental, 2012, 127: 351-362.

[81] KADRI T, ROUISSI T, BRAR S K, et al. Biodegradation of polycyclic aromatic hydrocarbons (PAHs) by fungal enzymes: a review[J]. Journal of Environmental Sciences, 2017, 51: 52-74.

[82] CHEN Y L. Reduced graphene oxide-supported hollow Co_3O_4 @ N-doped

porous carbon as peroxymonosulfate activator for sulfamethoxazole degradation[J]. Chemical Engineering Journal,2022,430:132951.

[83] 杨悦锁,陈煜,李盼盼,等. 土壤、地下水中重金属和多环芳烃复合污染及修复研究进展[J]. 化工学报,2017,68(6):2219-2232.

[84] WEI K H,MA J,XI B D,et al. Recent progress on in situ chemical oxidation for the remediation of petroleum contaminated soil and groundwater[J]. Journal of Hazardous Materials,2022,432:128738.

[85] GUO W Q,YIN R L,ZHOU X J,et al. Sulfamethoxazole degradation by ultrasound/ozone oxidation process in water: kinetics, mechanisms, and pathways[J]. Ultrasonics Sonochemistry,2015,22:182-187.

[86] LOMINCHAR M A,SANTOS A,DE MIGUEL E,et al. Remediation of aged diesel contaminated soil by alkaline activated persulfate[J]. Science of the Total Environment,2018,622/623:41-48.

[87] MEGHARAJ M,RAMAKRISHNAN B,VENKATESWARLU K,et al. Bioremediation approaches for organic pollutants: a critical perspective [J]. Environment International,2011,37(8):1362-1375.

[88] MAITI D,CHANDRA K,MONDAL S,et al. Isolation and characterization of a heteroglycan from the fruits of Astraeus hygrometricus[J]. Carbohydrate Research,2008,343(4):817-824.

[89] AN D S,CAFFREY S M,SOH J,et al. Metagenomics of hydrocarbon resource environments indicates aerobic taxa and genes to be unexpectedly common [J]. Environmental Science & Technology, 2013, 47 (18): 10708-10717.

[90] HAZEN T C, ROCHA A M, TECHTMANN S M. Advances in monitoring environmental microbes [J]. Current Opinion in Biotechnology,2013,24(3):526-533.

[91] FOWLER S J, TOTH C R A, GIEG L M. Community structure in methanogenic enrichments provides insight into syntrophic interactions in hydrocarbon-impacted environments[J]. Frontiers in Microbiology,2016, 7:562.

[92] LIU P W G, CHANG T C, WHANG L M, et al. Bioremediation of petroleum hydrocarbon contaminated soil: effects of strategies and microbial community shift [J]. International Biodeterioration & Biodegradation,2011,65(8):1119-1127.

[93] HESHAM A E L,MAWAD A M M,MOSTAFA Y M,et al. Study of enhancement and inhibition phenomena and genes relating to degradation of petroleum polycyclic aromatic hydrocarbons in isolated bacteria[J]. Microbiology,2014,83(5):599-607.

[94] JIANG J, LIU H,LI Q,et al. Combined remediation of Cd-phenanthrene co-contaminated soil by Pleurotus cornucopiae and Bacillus thuringiensis FQ1 and the antioxidant responses in Pleurotus cornucopiae [J]. Ecotoxicology and Environmental Safety,2015,120:386-393.

[95] MARGESIN R. Alpine microorganisms:useful tools for low-temperature bioremediation[J]. Journal of Microbiology (Seoul,Korea),2007,45(4): 281-285.

[96] MARGESIN R,SCHINNER F. Efficiency of indigenous and inoculated cold-adapted soil microorganisms for biodegradation of diesel oil in alpine soils [J]. Applied and Environmental Microbiology, 1997, 63 (7): 2660-2664.

[97] MARGESIN R, LABBÉ D, SCHINNER F, et al. Characterization of hydrocarbon-degrading microbial populations in contaminated and pristine Alpine soils[J]. Applied and Environmental Microbiology,2003,69(6): 3085-3092.

[98] JUCK D, CHARLES T, WHYTE L G, et al. Polyphasic microbial community analysis of petroleum hydrocarbon-contaminated soils from two northern Canadian communities[J]. FEMS Microbiology Ecology, 2000,33(3):241-249.

[99] LILIANG G,MARIA A R. Enzymes in agricultural sciences[M]. OMICS group ebooks,2014.

[100] WANG Z D, FINGAS M, LAMBERT P, et al. Characterization and identification of the Detroit River mystery oil spill (2002)[J]. Journal of Chromatography A,2004,1038(1/2):201-214.

[101] ZHENG Z, LIU W, ZHOU Q, et al. Effects of co-modified biochar immobilized laccase on remediation and bacterial community of PAHs-contaminated soil [J]. Journal of Hazardous Materials, 2023, 443:130372.

[102] WU Y C,TENG Y, LI Z G,et al. Potential role of polycyclic aromatic hydrocarbons (PAHs) oxidation by fungal laccase in the remediation of

an aged contaminated soil[J]. Soil Biology and Biochemistry,2008,40 (3):789-796.

[103] SERRANO A, TEJADA M, GALLEGO M, et al. Evaluation of soil biological activity after a diesel fuel spill[J]. Science of the Total Environment,2009,407(13):4056-4061.

[104] LABBÉ D, MARGESIN R, SCHINNER F, et al. Comparative phylogenetic analysis of microbial communities in pristine and hydrocarbon-contaminated Alpine soils[J]. FEMS Microbiology Ecology,2007,59(2):466-475.

[105] MURALIDHARAN M, GAYATHRI K V,KUMAR P S,et al. Mixed polyaromatic hydrocarbon degradation by halotolerant bacterial strains from marine environment and its metabolic pathway[J]. Environmental Research,2023,216:114464.

[106] OBI L U,ATAGANA H I,ADELEKE R A. Isolation and characterisation of crude oil sludge degrading bacteria[J]. SpringerPlus,2016,5(1):1-13.

[107] SMITH E,THAVAMANI P,RAMADASS K,et al. Remediation trials for hydrocarbon-contaminated soils in arid environments: evaluation of bioslurry and biopiling techniques[J]. International Biodeterioration & Biodegradation,2015,101:56-65.

[108] RASTOGI A, AI-ABED S R, DIONYSIOU D D. Sulfate radical-based ferrous-peroxymonosulfate oxidative system for PCBs degradation in aqueous and sediment systems[J]. Applied Catalysis B:Environmental, 2009,85(3/4):171-179.

[109] THÉRÈSE M, ABENA B. Biodegradation of total petroleum hydrocarbons (TPH) in highly contaminated soils by natural attenuation and bioaugmentation[J]. Chemosphere,2019,234:864-874.

[110] AMBAYE T G, CHEBBI A,FORMICOLA F,et al. Ex-situ bioremediation of petroleum hydrocarbon contaminated soil using mixed stimulants: response and dynamics of bacterial community and phytotoxicity[J]. Journal of Environmental Chemical Engineering,2022,10(6):108814.

[111] LIANG C J, BRUELL C J, MARLEY M C, et al. Persulfate oxidation for in situ remediation of TCE. I. Activated by ferrous ion with and without a persulfate-thiosulfate redox couple[J]. Chemosphere,2004,55 (9):1213-1223.

[112] FAN M Y,XIE R J,QIN G. Bioremediation of petroleum-contaminated

soil by a combined system of biostimulation-bioaugmentation with yeast [J]. Environmental Technology, 2014, 35(4): 391-399.

[113] SINGH P, MITRA S, MAJUMDAR D, et al. Nutrient and enzyme mobilization in earthworm casts: a comparative study with addition of selective amendments in undisturbed and agricultural soils of a mountain ecosystem[J]. International Biodeterioration & Biodegradation, 2017, 119: 437-447.

[114] ITO A, MENSAH L, CARTMELL E, et al. Removal of steroid estrogens from municipal wastewater in a pilot scale expanded granular sludge blanket reactor and anaerobic membrane bioreactor[J]. Environmental Technology, 2016, 37(3): 415-421.

[115] WANG J, JI H F, WANG S X, et al. Probiotic lactobacillus plantarum promotes intestinal barrier function by strengthening the epithelium and modulating gut microbiota[J]. Frontiers in Microbiology, 2018, 9: 1-14.

[116] XU R W, ZHANG Z, WANG L P, et al. Surfactant-enhanced biodegradation of crude oil by mixed bacterial consortium in contaminated soil [J]. Environmental Science and Pollution Research, 2018, 25(15): 14437-14446.

[117] KOUTINAS M, KYRIAKOU M, ANDREOU K, et al. Enhanced biodegradation and valorization of drilling wastewater via simultaneous production of biosurfactants and polyhydroxyalkanoates by pseudomonas citronellolis SJTE-3[J]. Bioresource Technology, 2021, 340: 125679.

[118] SUN S, WANG Y, ZANG T, et al. A biosurfactant-producing pseudomonas aeruginosa S5 isolated from coking wastewater and its application for bioremediation of polycyclic aromatic hydrocarbons [J]. Bioresource Technology, 2019, 281: 421-428.

[119] PREMNATH N, MOHANRASU K, GURU RAJ RAO R, et al. A crucial review on polycyclic aromatic hydrocarbons-environmental occurrence and strategies for microbial degradation[J]. Chemosphere, 2021, 280: 130608.

[120] MARTÍNEZ-TOLEDO Á, CARMEN CUEVAS-DÍAZ M, GUZMÁN-LÓPEZ O, et al. Evaluation of in situ biosurfactant production by inoculum of P. putida and nutrient addition for the removal of polycyclic aromatic hydrocarbons from aged oil-polluted soil[J]. Biodegradation, 2022, 33(2): 135-155.

[121] ROONEY A P,PRICE N P J,RAY K J,et al. Isolation and characterization of rhamnolipid-producing bacterial strains from a biodiesel facility[J]. FEMS Microbiology Letters,2009,295(1):82-87.

[122] 张忠祥.高效石油降解菌的筛选及其磁场强化除油效能的研究[D]. 哈尔滨:哈尔滨工程大学 2014.

[123] EIBES G,ARCA-RAMOS A,FEIJOO G,et al. Enzymatic technologies for remediation of hydrophobic organic pollutants in soil[J]. Applied Microbiology and Biotechnology,2015,99(21):8815-8829.

[124] 杨茜.石油烃降解菌的筛选及石油污染土壤的生物修复机理研究[D]. 西安:西安建筑科技大学,2014.

[125] APARICIO J D,RAIMONDO E E,SAEZ J M,et al. The current approach to soil remediation:a review of physicochemical and biological technologies,and the potential of their strategic combination[J]. Journal of Environmental Chemical Engineering,2022,10(2):107141.

[126] KHODADOUST A P,BAGCHI R,SUIDAN M T,et al. Removal of PAHs from highly contaminated soils found at prior manufactured gas operations[J]. Journal of Hazardous Materials,2000,80(1/2/3):159-174.

[127] LI L,ZHANG Z N,WANG Y H,et al. Efficient removal of heavily oil-contaminated soil using a combination of Fenton pre-oxidation with biostimulated iron and bioremediation[J]. Journal of Environmental Management,2022,308:114590.

[128] ADELAJA O,KESHAVARZ T,KYAZZE G. Treatment of phenanthrene and benzene using microbial fuel cells operated continuously for possible in situ and ex situ applications[J]. International Biodeterioration & Biodegradation,2017,116:91-103.

[129] LEI Y J,TIAN Y,FANG C,et al. Insights into the oxidation kinetics and mechanism of diesel hydrocarbons by ultrasound activated persulfate in a soil system[J]. Chemical Engineering Journal,2019,378:122253.

[130] 王金成,井明博,段春燕,等.陇东黄土高原石油污染土壤环境因子对金盏菊(Calendula officinalis)-微生物联合修复的响应[J]. 环境科学学报,2015,35(9)2971-2981.

[131] 王金成,周天林,井明博,等.陇东黄土高原地区石油污泥原位修复过程中土壤主要肥力指标动态变化分析[J]. 环境科学学报,2015,35(1):

280-287.

[132] 冯俊生,张俏晨.土壤原位修复技术研究与应用进展[J].生态环境学报,2014,23(11):1861-1867.

[133] BOUZID I,MAIRE J,FATIN-ROUGE N. Comparative assessment of a foam-based method for ISCO of coal tar contaminated unsaturated soils [J]. Journal of Environmental Chemical Engineering, 2019, 7 (5):103346.

[134] ROMERO A,SANTOS A,VICENTE F,et al. Diuron abatement using activated persulphate:effect of pH,Fe(Ⅱ) and oxidant dosage[J]. Chemical Engineering Journal,2010,162(1):257-265.

[135] 陈方义,杨昱,廉新颖,等.过硫酸盐缓释材料释放性能的影响因素研究[J].中国环境科学,2014,34(5):1187-1193.

[136] 李丽,刘占孟,聂发挥.过硫酸盐活化高级氧化技术在污水处理中的应用[J].华东交通大学学报,2014,31(6):114-118.

[137] 廖云燕,刘国强,赵力,等.利用热活化过硫酸盐技术去除阿特拉津[J].环境科学学报,2014,34(4):931-937.

[138] MAGURRAN A E. Ecological diversity and its measurement[M]. Princeton:Princeton University Press,1988.

[139] CHRISTOFI N,IVSHINA I B. Microbial surfactants and their use in field studies of soil remediation[J]. Journal of Applied Microbiology, 2002,93(6):915-929.

[140] ABTAHI H, PARHAMFAR M, SAEEDI R, et al. Effect of competition between petroleum-degrading bacteria and indigenous compost microorganisms on the efficiency of petroleum sludge bioremediation:field application of mineral-based culture in the composting process[J]. Journal of Environmental Management,2020,258:110013.

[141] WERTZ S,DEGRANGE V,PROSSER J I,et al. Decline of soil microbial diversity does not influence the resistance and resilience of key soil microbial functional groups following a model disturbance [J]. Environmental Microbiology,2007,9(9):2211-2219.

[142] BANERJEE S,WALDER F,BÜCHI L,et al. Agricultural intensification reduces microbial network complexity and the abundance of keystone taxa in roots[J]. The ISME Journal,2019,13(7):1722-1736.

[143] XUN W B,LIU Y P,LI W,et al. Specialized metabolic functions of

keystone taxa sustain soil microbiome stability[J]. Microbiome,2021, 9(1):35.

[144] O'CONNELL S G, HAIGH T, WILSON G, et al. An analytical investigation of 24 oxygenated-PAHs (OPAHs) using liquid and gas chromatography-mass spectrometry [J]. Analytical and Bioanalytical Chemistry,2013,405(27):8885-8896.

[145] ARP H P H,LUNDSTEDT S,JOSEFSSON S,et al. Native oxy-PAHs, N-PACs, and PAHs in historically contaminated soils from Sweden, Belgium, and France: their soil-porewater partitioning behavior, bioaccumulation in enchytraeus crypticus, and bioavailability [J]. Environmental Science & Technology,2014,48(19):11187-11195.

[146] BRITO E M S, BARRON M D, CARETTA C A, et al . Impact of hydrocarbons,PCBs and heavy metals on bacterial communities in Lerma River, Salamanca, Mexico: investigation of hydrocarbon degradation potential[J]. Science of the Total Environment,2015,521/522:1-10.

[147] BAMFORTH S M, SINGLETON I. Bioremediation of polycyclic aromatic hydrocarbons: current knowledge and future directions[J]. Journal of Chemical Technology & Biotechnology,2005,80(7):723-736.

[148] XING B S, PIGNATELLO J J. Time-dependent isotherm shape of organic compounds in soil organic matter: implications for sorption mechanism[J]. Environmental Toxicology and Chemistry,1996,15(8): 1282-1288.

[149] NAM K,CHUNG N,ALEXANDER M. Relationship between organic matter content of soil and the sequestration of phenanthrene [J]. Environmental Science & Technology,1998,32(23):3785-3788.

[150] VAN DE KREEKE J,DE LA CALLE B,HELD A,et al. IMEP-23:the eight EU-WFD priority PAHs in water in the presence of humic acid [J]. TrAC Trends in Analytical Chemistry,2010,29(8):928-937.

[151] GAO Y Z , YUAN X J,LIN X H, et al. Low-molecular-weight organic acids enhance the release of bound PAH residues in soils[J]. Soil and Tillage Research,2015,145:103-110.

[152] RANC B,FAURE P,CROZE V,et al. Comparison of the effectiveness of soil heating prior or during in situ chemical oxidation (ISCO) of aged PAH-contaminated soils [J]. Environmental Science and Pollution

Research,2017,24(12):11265-11278.

[153] LEAHY J G,COLWELL R R. Microbial degradation of hydrocarbons in the environment[J]. Microbiological Reviews,1990,54(3):305-315.

[154] BANDOWE B A M, BIGALKE M, BOAMAH L, et al. Polycyclic aromatic compounds (PAHs and oxygenated PAHs) and trace metals in fish species from Ghana (West Africa):bioaccumulation and health risk assessment[J]. Environment International,2014,65:135-146.

[155] LIANG C,DAS K C,MCCLENDON R W. The influence of temperature and moisture contents regimes on the aerobic microbial activity of a biosolids composting blend[J]. Bioresource Technology, 2003,86(2): 131-137.

[156] CHUNG M K,TSUI M T K, CHEUNG K C,et al . Removal of aqueous phenanthrene by brown seaweed sargassum hemiphyllum: sorption-kinetic and equilibrium studies [J]. Separation and Purification Technology,2007,54(3):355-362.

[157] ZHANG W H, ZHENG J, ZHENG P P, et al. The roles of humic substances in the interactions of phenanthrene and heavy metals on the bentonite surface[J]. Journal of Soils and Sediments, 2015, 15 (7): 1463-1472.

[158] SAUL D J, AISLABIE J M, BROWN C E, et al. Hydrocarbon contamination changes the bacterial diversity of soil from around Scott Base,Antarctica[J]. FEMS Microbiology Ecology,2005,53(1):141-155.

[159] BELL T H, YERGEAU E,MAYNARD C,et al. Predictable bacterial composition and hydrocarbon degradation in Arctic soils following diesel and nutrient disturbance[J]. The ISME Journal,2013,7(6):1200-1210.

[160] JUNG J, PHILIPPOT L, PARK W. Metagenomic and functional analyses of the consequences of reduction of bacterial diversity on soil functions and bioremediation in diesel-contaminated microcosms [J]. Scientific Reports,2016,6:23012.

[161] DE LORENZO V . Systems biology approaches to bioremediation[J]. Current Opinion in Biotechnology,2008,19(6):579-589.

[162] ZHAO B,LAA POH C. Insights into environmental bioremediation by microorganisms through functional genomics and proteomics [J]. Proteomics,2008,8(4):874-881.

[163] CHEN M,WANG D, XU X,et al. Biochar nanoparticles with different pyrolysis temperatures mediate cadmium transport in water-saturated soils:effects of ionic strength and humic acid[J]. Science of the Total Environment,2022,806:150668.

[164] KACZYNSKI P, LOZOWICKA B, HRYNKO I, et al. Behaviour of mesotrione in maize and soil system and its influence on soil dehydrogenase activity[J]. Science of the Total Environment,2016,571: 1079-1088.

[165] LIANG C,HUANG C,MOHANTY,et al. A rapid spectrophotometric determination of persulfate anion in ISCO[J]. Chemosphere, 2008, 73 (9):1540-1543.

[166] GU H P, LUO X Y, WANG H Z, et al. The characteristics of phenanthrene biosorption by chemically modified biomass of phanerochaete chrysosporium[J]. Environmental Science and Pollution Research,2015,22(15):11850-11861.

[167] ZHAO S,JIA H, NULAJI G, et al. Photolysis of polycyclic aromatic hydrocarbons (PAHs) on Fe^{3+}-montmorillonite surface under visible light:degradation kinetics, mechanism, and toxicity assessments [J]. Chemosphere,2017,184:1346-1354.

[168] ZHAO J K, LI X M, AI G M, et al. Reconstruction of metabolic networks in a fluoranthene-degrading enrichments from polycyclic aromatic hydrocarbon polluted soil[J]. Journal of Hazardous Materials, 2016,318:90-98.

[169] 生态环境部. 土壤 石油类的测定 红外分光光度法:HJ 1051—2019[S]. 鞍山:辽宁省鞍山生态环境监测中心,2020.

[170] ZENG Q C,AN S S. Identifying the biogeographic patterns of rare and abundant bacterial communities using different primer sets on the loess plateau[J]. Microorganisms,2021,9(1):139.

[171] CHEN S F,ZHOU Y Q,CHEN Y R,et al. Fastp:an ultra-fast all-in-one FASTQ preprocessor[J]. Bioinformatics,2018,34(17):884-890.

[172] MAGOČ T,SALZBERG S L. FLASH:fast length adjustment of short reads to improve genome assemblies[J]. Bioinformatics,2011,27(21): 2957-2963.

[173] BOLYEN E, RIDEOUT J R, DILLON M R, et al. Reproducible,

interactive,scalable and extensible microbiome data science using QIIME 2[J]. Nature Biotechnology,2019,37(8):852-857.

[174] CALLAHAN B J,MCMURDIE P J,ROSEN M J,et al. DADA2:high-resolution sample inference from Illumina amplicon data[J]. Nature Methods,2016,13(7):581-583.

[175] NOGUCHI H, PARK J, TAKAGI T. MetaGene:prokaryotic gene finding from environmental genome shotgun sequences[J]. Nucleic Acids Research,2006,34(19):5623-5630.

[176] LI R Q,LI Y R,KRISTIANSEN K,et al. SOAP:short oligonucleotide alignment program[J]. Bioinformatics,2008,24(5):713-714.

[177] BUCHFINK B, XIE C, HUSON D H. Fast and sensitive protein alignment using DIAMOND[J]. Nature Methods,2015,12(1):59-60.

[178] TENG T T,LIANG J D,ZHANG M,et al. Biodegradation of crude oil under low temperature by mixed culture isolated from alpine meadow soil[J]. Water,Air,& Soil Pollution,2021,232(3):1-12.

[179] MIRI S,DAVOODI S M,BRAR S K,et al. Psychrozymes as novel tools to biodegrade p-xylene and potential use for contaminated groundwater in the cold climate[J]. Bioresource Technology,2021,321:124464.

[180] CHEN W,KONG Y,LI J, et al . Enhanced biodegradation of crude oil by constructed bacterial consortium comprising salt-tolerant petroleum degraders and biosurfactant producers[J]. International Biodeterioration & Biodegradation,2020,154:105047.

[181] KUPPUSAMY S, THAVAMANI P,MEGHARAJ M,et al. Biodegradation of polycyclic aromatic hydrocarbons (PAHs) by novel bacterial consortia tolerant to diverse physical settings - assessments in liquid- and slurry-phase systems[J]. International Biodeterioration & Biodegradation, 2016, 108: 149-157.

[182] LI D,LI K,LIU Y,et al. Synergistic PAH biodegradation by a mixed bacterial consortium:based on a multi-substrate enrichment approach [J]. Environmental Science and Pollution Research, 2023, 30 (9): 24606-24616.

[183] ZHOU N,GUO H,LIU Q,et al . Bioaugmentation of polycyclic aromatic hydrocarbon (PAH)-contaminated soil with the nitrate-reducing bacterium PheN7 under anaerobic condition[J]. Journal of Hazardous

Materials,2022,439:129643.

[184] AL FARRAJ D A,HADIBARATA T,YUNIARTO A,et al. Characterization of pyrene and chrysene degradation by halophilic hortaea sp. B15 [J]. Bioprocess and Biosystems Engineering,2019,42(6):963-969.

[185] HUNG C M,CHEN C W,HUANG C P,et al. Algae-derived metal-free boron-doped biochar as an efficient bioremediation pretreatment for persistent organic pollutants in marine sediments[J]. Journal of Cleaner Production,2022,336:130448.

[186] KONG X H,DONG R R,KING T,et al. Biodegradation potential of bacillus sp. PAH-2 on PAHs for oil-contaminated seawater [J]. Molecules,2022,27(3):687.

[187] LIU X,LIU M,ZHOU L,et al. Occurrence and distribution of PAHs and microbial communities in nearshore sediments of the Knysna Estuary,South Africa[J]. Environmental Pollution,2021,270:116083.

[188] GU H,YAN K,YOU Q,et al. Soil indigenous microorganisms weaken the synergy of Massilia sp. WF_1 and phanerochaete chrysosporium in phenanthrene biodegradation [J]. Science of the Total Environment, 2021,781:146655.

[189] ZENG J,ZHU Q,LI Y,et al. Isolation of diverse pyrene-degrading bacteria via introducing readily utilized phenanthrene[J]. Chemosphere, 2019,222:534-540.

[190] CHAND P,DUTTA S,MUKHERJI S. Characterization and biodegradability assessment of water-soluble fraction of oily sludge using stir bar sorptive extraction and GCxGC-TOF MS[J]. Environmental Pollution,2022,304:119177.

[191] ESFANDIAR N,MCKENZIE E R. Bioretention soil capacity for removing nutrients,metals,and polycyclic aromatic hydrocarbons;roles of co-contaminants,pH,salinity and dissolved organic carbon[J]. Journal of Environmental Management,2022,324:116314.

[192] SUN Y,ZHANG S,XIE Z,et al. Characteristics and ecological risk assessment of polycyclic aromatic hydrocarbons in soil seepage water in Karst terrains,southwest China[J]. Ecotoxicology and Environmental Safety,2020,190:110122.

[193] ZHANG X Y,WU Y G,HU S H,et al. Responses of kinetics and

capacity of phenanthrene sorption on sediments to soil organic matter releasing[J]. Environmental Science and Pollution Research, 2014, 21 (13):8271-8283.

[194] TAO Y, ZHANG S, WANG Z, et al. Biomimetic accumulation of PAHs from soils by triolein-embedded cellulose acetate membranes (TECAMs) to estimate their bioavailability[J]. Water Research, 2008, 42 (3): 754-762.

[195] NARBONNE J F, DJOMO J E, RIBERA D, et al. Accumulation kinetics of polycyclic aromatic hydrocarbons adsorbed to sediment by the MolluskCorbicula fluminea [J]. Ecotoxicology and Environmental Safety, 1999, 42(1):1-8.

[196] KANG H J, LEE S Y, KWON J H. Physico-chemical properties and toxicity of alkylated polycyclic aromatic hydrocarbons[J]. Journal of Hazardous Materials, 2016, 312:200-207.

[197] NEINA D. The role of soil pH in plant nutrition and soil remediation [J]. Applied and Environmental Soil Science, 2019, 2019:1-9.

[198] ALVAREZ-ESMORIS C, RODRIGUEZ-LOPEZ L, NUNEZ-DELGADO A, et al. Influence of pH on the adsorption-desorption of doxycycline, enrofloxacin, and sulfamethoxypyridazine in soils with variable surface charge[J]. Environmental Research, 2022, 214:114071.

[199] NAIDU R, KOOKANA R S, SUMNER M E, et al. Cadmium sorption and transport in variable charge soils: a review [J]. Journal of Environmental Quality, 1997, 26(3):602-617.

[200] SAINI A, KAUR P, SINGH K, et al. Influence of soil properties, temperature and pH on adsorption-desorption of imazamox in Indian aridisols[J]. Archives of Agronomy and Soil Science, 2022, 68(12):1726-1745.

[201] KADRI T, ROUISSI T, KAUR BRAR S, et al. Biodegradation of polycyclic aromatic hydrocarbons (PAHs) by fungal enzymes: a review [J]. Journal of Environmental Sciences, 2017, 51:52-74.

[202] LI D, ZHAO Y, WANG L, et al. Remediation of phenanthrene contaminated soil through persulfate oxidation coupled microbial fortification[J]. Journal of Environmental Chemical Engineering, 2021, 9 (5):106098.

[203] NIVEDHITA S, SHYNI JASMIN P, SARVAJITH M, et al. Effects of oxytetracycline on aerobic granular sludge process: granulation, biological nutrient removal and microbial community structure[J]. Chemosphere, 2022, 307: 136103.

[204] VERA A, WILSON F P, CUPPLES A M. Predicted functional genes for the biodegradation of xenobiotics in groundwater and sediment at two contaminated naval sites[J]. Applied Microbiology and Biotechnology, 2022, 106(2): 835-853.

[205] LU L, ZHANG J, PENG C. Shift of soil polycyclic aromatic hydrocarbons (PAHs) dissipation pattern and microbial community composition due to rhamnolipid supplementation[J]. Water, Air, & Soil Pollution, 2019, 230(5): 107.

[206] YANG J J, WANG S Q, GUO Z W, et al. Spatial distribution of toxic metal(loid)s and microbial community analysis in soil vertical profile at an abandoned nonferrous metal smelting site[J]. International Journal of Environmental Research and Public Health, 2020, 17(19): 7101.

[207] LIU Y Z, WANG Y L, WU T, et al. Synergistic effect of soil organic matter and nanoscale zero-valent iron on biodechlorination[J]. Environmental Science & Technology, 2022, 56(8): 4915-4925.

[208] HUANG A L, WU T, WU X Y, et al. Analysis of internal and external microorganism community of wild cicada flowers and identification of the predominant cordyceps cicadae fungus[J]. Frontiers in Microbiology, 2021, 12: 752791.

[209] YANG M, QI Y, LIU J N, et al. Dynamic changes in the endophytic bacterial community during maturation of Amorphophallus muelleri seeds[J]. Frontiers in Microbiology, 2022, 13: 996854.

[210] BAO H, WANG J, ZHANG H, et al. Effects of biochar and organic substrates on biodegradation of polycyclic aromatic hydrocarbons and microbial community structure in PAHs-contaminated soils[J]. Journal of Hazardous Materials, 2020, 385: 121595.

[211] STRAATHOF A L, CHINCARINI R, COMANS R N J, et al. Dynamics of soil dissolved organic carbon pools reveal both hydrophobic and hydrophilic compounds sustain microbial respiration[J]. Soil Biology and Biochemistry, 2014, 79: 109-116.

[212] JELJLI A，HOULE D，DUCHESNE L，et al. Evaluation of the factors governing dissolved organic carbon concentration in the soil solution of a temperate forest organic soil［J］. Science of the Total Environment，2022，853：158240.

[213] GONZÁLEZ A，OSORIO H，ROMERO S，et al. Transcriptomic analyses reveal increased expression of dioxygenases，monooxygenases，and other metabolizing enzymes involved in anthracene degradation in the marine alga Ulva lactuca［J］. Frontiers in Plant Science，2022，13：955601.

[214] VAN HERWIJNEN R，SPRINGAEL D，SLOT P，et al. Degradation of anthracene by mycobacterium sp. strain LB501T proceeds via a novel pathway，through o-phthalic acid ［J］. Applied and Environmental Microbiology，2003，69(5)：3026.

[215] NIHARIKA K，KULDEEP ROY，MOHOLKAR V S. Mechanistic investigation in co-biodegradation of phenanthrene and pyrene by Candida tropicalis MTCC 184［J］. Chemical Engineering Journal，2020，399：125659.

[216] IMAM A，KUMAR SUMAN S，KANAUJIA P K，et al. Biological machinery for polycyclic aromatic hydrocarbons degradation：a review ［J］. Bioresource Technology，2022，343：126121.

[217] KASHYAP N，ROY K，MOHOLKAR V S. Mechanistic investigations in ultrasound-assisted biodegradation of phenanthrene ［J］. Ultrasonics Sonochemistry，2020，62：104890.

[218] WANG Y，ZHUANG J L，LU Q Q，et al. Halophilic Martelella sp. AD-3 enhanced phenanthrene degradation in a bioaugmented activated sludge system through syntrophic interaction ［J］. Water Research，2022，218：118432.

[219] MATZEK L W，CARTER K E. Activated persulfate for organic chemical degradation：a review［J］. Chemosphere，2016，151：178-188.

[220] 赵进英. 零价铁/过硫酸钠体系产生硫酸根自由基氧化降解氯酚的研究［D］. 大连：大连理工大学，2010.

[221] AL HAKIM S，BAALBAKI A，TANTAWI O，et al. Chemically and thermally activated persulfate for theophylline degradation and application to pharmaceutical factory effluent［J］. RSC Advances，2019，9(57)：33472-33485.

[222] SONG Y,FANG G,ZHU C,et al. Zero-valent iron activated persulfate remediation of polycyclic aromatic hydrocarbon-contaminated soils:an in situ pilot-scale study[J]. Chemical Engineering Journal,2019,355: 65-75.

[223] WANG S,WANG J. Trimethoprim degradation by Fenton and Fe(Ⅱ)-activated persulfate processes[J].Chemosphere,2018,191:97-105.

[224] HAN D,WAN J,MA Y,et al. New insights into the role of organic chelating agents in Fe(Ⅱ) activated persulfate processes[J]. Chemical Engineering Journal,2015,269:425-433.

[225] YU X Y,BAO Z C,BARKER J R.Free radical reactions involving Cl·, and Cl$_2^-$·,and SO$_4^-$· in the 248 nm photolysis of aqueous solutions containing S$_2$O$_8^{2-}$ and Cl$^-$[J].Journal of Physical Chemistry A,2004,35 (14).

[226] XU X,LI X.Degradation of azo dye Orange G in aqueous solutions by persulfate with ferrous ion[J].Separation and Purification Technology, 2010,72(1):105-111.

[227] LIANG C,GUO Y Y,PAN Y R.A study of the applicability of various activated persulfate processes for the treatment of 2,4-dichlorophenoxyacetic acid[J]. International Journal of Environmental Science and Technology,2014,11(2):483-492.

[228] PELUFFO M,PARDO F,SANTOS A,et al.Use of different kinds of persulfate activation with iron for the remediation of a PAH-contaminated soil[J].Science of the Total Environment,2016,563/564: 649-656.

[229] LIANG C J,HUANG C F,MOHANTY N,et al. Hydroxypropyl-β-cyclodextrin-mediated iron-activated persulfate oxidation of trichloroethylene and tetrachloroethylene[J]. Industrial & Engineering Chemistry Research,2007,46(20):6466-6479.

[230] 曾彪.铁化合物活化过硫酸钠氧化修复多氯联苯污染土壤研究[D].杭州: 浙江大学,2014.

[231] CHEN X,YANG B,OLESZCZUK P,et al. Vanadium oxide activates persulfate for degradation of polycyclic aromatic hydrocarbons in aqueous system[J].Chemical Engineering Journal,2019,364:79-88.

[232] 占新华,周立祥,黄楷.水溶性有机物对菲的表观溶解度和正辛醇/水分配

系数的影响[J].环境科学学报,2006,26(1):105-110.

[233] 刘衡锡.硫酸根自由基在水处理中的反应特性[D].大连:大连海事大学,2013.

[234] 刘杨,郭洪光,李伟,等.可见光下 TiO_2 协同过硫酸盐光催化降解罗丹明[J].中南民族大学学报(自然科学版),2019,38(1):34-38.

[235] KIM C,AHN J Y,KIM T Y,et al. Activation of persulfate by nanosized zero-valent iron (NZVI):mechanisms and transformation products of NZVI[J]. Environmental Science & Technology, 2018, 52 (6): 3625-3633.

[236] 安宇.铁碳复合物活化过硫酸盐处理土壤多环芳烃[D].大连:大连理工大学,2021.

[237] WU Y,PRULHO R,BRIGANTE M,et al. Activation of persulfate by Fe(Ⅲ) species:implications for 4-tert-butylphenol degradation[J]. Journal of Hazardous Materials,2017,322:380-386.

[238] 丁英志,王肖磊,曾宇,等.铁碳复合纳米材料活化过硫酸盐降解土壤中对羟基联苯的机制研究[J].土壤,2022,54(5):1041-1050.

[239] BADDOUR-HADJEAN R, PEREIRA-RAMOS J P. Raman microspectrometry applied to the study of electrode materials for lithium batteries[J]. Chemical Reviews,2010,110(3):1278-1319.

[240] 林伟.铁基材料活化过硫酸盐降解有机污染物研究[D].北京:中国地质大学(北京),2021.

[241] LI X,HOU T,YAN L,et al. Efficient degradation of tetracycline by CoFeLa-layered double hydroxides catalyzed peroxymonosulfate:synergistic effect of radical and nonradical pathways[J]. Journal of Hazardous Materials,2020,398:122884.

[242] LIANG J,LI X M,YU Z G,et al. Amorphous MnO_2 modified biochar derived from aerobically composted swine manure for adsorption of Pb(Ⅱ) and Cd(Ⅱ)[J]. ACS Sustainable Chemistry & Engineering, 2017,5(6):5049-5058.

[243] ZHOU L,HUANG Y F,QIU W W,et al. Adsorption properties of nano-MnO_2-biochar composites for copper in aqueous solution[J]. Molecules, 2017,22(1):173.

[244] CHEN B H,HE X B,YIN F X,et al. MO-Co@N-doped carbon (M = Zn or Co):vital roles of inactive Zn and highly efficient activity toward

oxygen reduction/evolution reactions for rechargeable Zn-air battery[J]. Advanced Functional Materials,2017,27(37):1700795.

[245] SHEN H,GRACIA-ESPINO E,MA J,et al. Atomically FeN_2 moieties dispersed on mesoporous carbon: a new atomic catalyst for efficient oxygen reduction catalysis[J]. Nano Energy,2017,35:9-16.

[246] LI C X,CHEN C B,LU J Y,et al. Metal organic framework-derived $CoMn_2O_4$ catalyst for heterogeneous activation of peroxymonosulfate and sulfanilamide degradation[J]. Chemical Engineering Journal,2018, 337:101-109.

[247] LI M H,ZHAO L X,XIE M,et al. Singlet oxygen-oriented degradation of sulfamethoxazole by Li-Al LDH activated peroxymonosulfate[J]. Separation and Purification Technology,2022,290:120898.

[248] WU S,LIU H,YANG C,et al. High-performance porous carbon catalysts doped by iron and nitrogen for degradation of bisphenol F via peroxymonosulfate activation[J]. Chemical Engineering Journal,2020, 392:123683.

[249] NIE G,HUANG J,HU Y,et al. Heterogeneous catalytic activation of peroxymonosulfate for efficient degradation of organic pollutants by magnetic Cu^0/Fe_3O_4 submicron composites [J]. Chinese Journal of Catalysis,2017,38(2):227-239.

[250] AHN Y Y,BAE H,KIM H I,et al. Surface-loaded metal nanoparticles for peroxymonosulfate activation: efficiency and mechanism reconnaissance [J]. Applied Catalysis B: Environmental, 2019, 241: 561-569.

[251] ZHANG T,CHEN Y,WANG Y R,et al. Efficient peroxydisulfate activation process not relying on sulfate radical generation for water pollutant degradation[J]. Environmental Science & Technology,2014, 48(10):5868-5875.

[252] ZHAO Z,ZHAO J,YANG C . Efficient removal of ciprofloxacin by peroxymonosulfate/Mn_3O_4-MnO_2 catalytic oxidation system [J]. Chemical Engineering Journal,2017,327:481-489.

[253] YUA S,GUB X,LUA S,et al. Degradation of phenanthrene in aqueous solution by a persulfate/percarbonate system activated with CA chelated-Fe(Ⅱ)[J]. Chemical Engineering Journal,2018,333:122-131.

[254] WANG L, PENG L B, XIE L L, et al. Compatibility of surfactants and thermally activated persulfate for enhanced subsurface remediation[J]. Environmental Science & Technology, 2017, 51(12): 7055-7064.

[255] SUN Y C, ZHOU J Z, LI D, et al. Investigating the degradation mechanism of phenanthrene by Fe^{2+}-activated persulfate [J]. Environmental Engineering Science, 2022, 39(3): 248-258.

[256] RANC B, FAURE P, CROZE V, et al. Selection of oxidant doses for in situ chemical oxidation of soils contaminated by polycyclic aromatic hydrocarbons (PAHs): a review[J]. Journal of Hazardous Materials, 2016, 312: 280-297.

[257] WANG Z, DENG D, YANG L. Degradation of dimethyl phthalate in solutions and soil slurries by persulfate at ambient temperature[J]. Journal of Hazardous Materials, 2014, 271: 202-209.

[258] XU Y Z, CHE T, LI Y J, et al. Remediation of polycyclic aromatic hydrocarbons by sulfate radical advanced oxidation: evaluation of efficiency and ecological impact[J]. Ecotoxicology and Environmental safety, 2021: 112594.

[259] PELUFFO M, MORA V C, MORELLI I S, et al. Persulfate treatments of phenanthrene-contaminated soil: effect of the application parameters [J]. Geoderma, 2018, 317: 8-14.

[260] LIAO X, LIU Q, LI Y, et al . Removal of polycyclic aromatic hydrocarbons from different soil fractions by persulfate oxidation [J]. Journal of Environmental Sciences, 2019, 78: 239-246.

[261] LAWRENCE G B, ROY K M. Ongoing increases in dissolved organic carbon are sustained by decreases in ionic strength rather than decreased acidity in waters recovering from acidic deposition[J]. Science of the Total Environment, 2021, 766: 142529.

[262] JELJLI A, HOULE D, DUCHESNE L, et al. Evaluation of the factors governing dissolved organic carbon concentration in the soil solution of a temperate forest organic soil[J]. Science of the Total Environment, 2022, 853: 158240.

[263] DAHM K G, VAN STRAATEN C M, MUNAKATA-MARR J, et al. Identifying well contamination through the use of 3-D fluorescence spectroscopy to classify coalbed methane produced water [J].

Environmental Science & Technology,2013,47(1):649-656.

[264] JIANG W B,XU X S,HALL R, et al. Characterization of produced water and surrounding surface water in the Permian Basin,the United States[J]. Journal of Hazardous Materials,2022,430:128409.

[265] MEDINA R,DAVID GARA P M,FERNANDEZ-GONZALEZ A J, et al. Remediation of a soil chronically contaminated with hydrocarbons through persulfate oxidation and bioremediation[J]. Science of the Total Environment,2018,618:518-530.

[266] GOUA Y,ZHAOA Q,YANGA S, et al. Enhanced degradation of polycyclic aromatic hydrocarbons in aged subsurface soil using integrated persulfate oxidation and anoxic biodegradation[J]. Chemical Engineering Journal,2020,394:125040.

[267] GENG S,CAO W,YUAN J,et al. Microbial diversity and co-occurrence patterns in deep soils contaminated by polycyclic aromatic hydrocarbons (PAHs)［J］. Ecotoxicology and Environmental Safety, 2020, 203:110931.

[268] MESBAIAH F Z,EDDOUAOUDA K,BADIS A, et al. Preliminary characterization of biosurfactant produced by a PAH-degrading Paenibacillus sp. under thermophilic conditions［J］. Environmental Science and Pollution Research,2016,23(14):14221-14230.

[269] UBANI O,ATAGANA H I,SELVARAJAN R, et al . Unravelling the genetic and functional diversity of dominant bacterial communities involved in manure co-composting bioremediation of complex crude oil waste sludge[J]. Heliyon,2022,8(2):08945.

[270] NZILA A . Update on the cometabolism of organic pollutants by bacteria [J]. Environmental Pollution,2013,178:474-482.

[271] LIU X D,BOUXIN F P,FAN J J,et al. Recent advances in the catalytic depolymerization of lignin towards phenolic chemicals:a review［J］. ChemSusChem,2020,13(17):4296-4317.

[272] DATTA R,KELKAR A,BARANIYA D,et al. Enzymatic degradation of lignin in soil:a review[J]. Sustainability,2017,9(7):1163.

[273] TUOR U,WARIISHI H,SCHOEMAKER H E,et al. Oxidation of phenolic arylglycerol beta-aryl ether lignin model compounds by manganese peroxidase from phanerochaete chrysosporium:oxidative

cleavage of an alpha-carbonyl model compound[J]. Biochemistry,1992,
31(21):4986-4995.

[274] KRAUSS M, WILCKE W. Photochemical oxidation of polycyclic
aromatic hydrocarbons (PAHs) and polychlorinated biphenyls (PCBs)
in soils:a tool to assess their degradability? [J]. Journal of Plant
Nutrition and Soil Science,2002,165(2):173-178.

[275] IKEYA K,SLEIGHTER R L,HATCHER P G,et al . Characterization
of the chemical composition of soil humic acids using Fourier transform
ion cyclotron resonance mass spectrometry [J]. Geochimica et
Cosmochimica Acta,2015,153:169-182.

[276] ZHANG W W,HE Y C,LI C,et al . Persulfate activation using Co/AC
particle electrodes and synergistic effects on humic acid degradation[J].
Applied Catalysis B:Environmental,2021,285:119848.

[277] 生态环境部土壤环境管理司,科技标准司.土壤环境质量 建设用地土壤
污染风险管控标准(试行):GB 36600—2018[S]. 北京:中国环境出版集
团,2018.

[278] WEI Z, WANG J J, GASTON L A,et al. Remediation of crude oil-
contaminated coastal marsh soil:integrated effect of biochar,rhamnolipid
biosurfactant and nitrogen application [J]. Journal of Hazardous
Materials,2020,396:122595.

[279] CORTESELLI E M,AITKEN M D,SINGLETON D R. Description of
immundisolibacter cernigliae gen. nov. , sp. nov. , a high-molecular-
weight polycyclic aromatic hydrocarbon-degrading bacterium within the
class gammaproteobacteria,and proposal of immundisolibacterales ord.
nov. and immundisolibacteraceae fam. nov[J]. International Journal of
Systematic and Evolutionary Microbiology,2017,67(4):925-931.

[280] SILES J A, MARGESIN R. Insights into microbial communities
mediating the bioremediation of hydrocarbon-contaminated soil from an
Alpine former military site [J]. Applied Microbiology and
Biotechnology,2018,102(10):4409-4421.

[281] SICILIANO S D, CHEN T T, PHILLIPS C, et al. Total phosphate
influences the rate of hydrocarbon degradation but phosphate mineralogy
shapes microbial community composition in cold-region calcareous soils
[J]. Environmental Science & Technology,2016,50(10):5197-5206.

[282] BRADDOCK J F, RUTH M L, CATTERALL P H, et al. Enhancement and inhibition of microbial activity in hydrocarbon-contaminated Arctic soils: implications for nutrient-amended bioremediation[J]. Environmental Science & Technology, 1997, 31(7): 2078-2084.